后浪出版公司

舌尖上的法国

冬藏春耕

[法] 伊夫·康德伯德　[法] 雅克·费朗代 编著

林陈秋文 译　后浪漫 校

湖南美术出版社

目　录

序 言

在我把雅克·费朗代介绍给伊夫·康德伯德的那一刻，我就意识到这本书将要诞生。伊夫曾向我表达过，他想通过漫画让人们更好地了解他对厨师职业的迷恋。而在雅克那边，他向我解释过他的人生中并非只有阿尔贝·加缪和阿尔及利亚，也会有与伙伴分享的稀罕产品、特色菜肴和美味的天然葡萄酒。艺术，同友谊一样，是一件神秘的事情。常常在我们不知情的时刻，那些作品就在我们身上诞生了，我们都没来得及细想那是决定性的相遇。我在分别与雅克和伊夫交谈后，发现他们的相遇是不可避免的。我所做的不过是让他们看到这个事实。在这一次环法美食旅行中（您将在其中发现最好的美食），他们的这份以共同嗜好为基础的友谊随着四季的推移变得越发深厚。我们至少能说《舌尖上的法国》是一本让人胃口大开的漫画。合上书本后，您会想要远离大城市，去发现一个从统计数据中消失的乡土法国。伊夫·康德伯德拥有在那里交友的艺术，雅克·费朗代则用色彩再现这门艺术。也许此处，我们应该用"手工艺"替代"艺术"一词。它是维系一份友谊的关键词，承载了本书的灵魂，它既涵盖康德伯德叙述的内容，也指费朗代呈现这些内容的方式。他二位都信奉质量至上的原则，因而在他们的工作中会强制奉行工匠的伦理道德，这种伦理道德基于的是长期积累的经验和专注工作的忘我精神，并坚信好的作品是对工匠真正的回报。

这是一种文化。它的永久性构成了这本漫画的主题。

塞巴斯蒂安·拉巴克

我自己，
算不上什么……

如果没有那些曾经训练过我的人，那些和我一起工作过的人，
我的生产商、供货商，我在厨房和厅堂的团队……

就像是一支橄榄球队，或是交响乐团，
我的价值跟我身边的人息息相关。

* 吧台。

我把他们称作我的食物链，厨师、饮食行业的匠人、养殖者、农民、渔夫、葡萄酒农、生产者……

他们以食材的味道、产品的质量为重，他们尊重土地、自然规律和环境，他们分享对自己职业的热爱，他们有一些东西要传承……

这些人分布在法国各地，他们提供给我食材，我将它们做成美味，端上餐桌。

没有好的生产者，便不会有好的产品。

* 贝阿恩街。

6

我初到巴黎，当人们跟我说起好的产品时，我并不知道他们想说什么，因为我成长在波城旁边的一个家庭农场里，那里没有不好的产品。

我15岁就开始学厨，就职过很多奢华的餐厅，比如巴黎丽兹酒店和克里雍大饭店。

1992年，我在巴黎第14区开了一家小酒吧——瑞家来，之后又在圣日耳曼德佩区开了奥德翁吧台。

* 瑞家来。

我是当时为数不多的尝试这种形式的人，媒体称之为"小酒馆美食"。

意思就是，把米其林三星的厨艺发挥到小酒馆的餐桌上。

那些和我一起工作了20年，甚至25年的人，我们一起创业、相互扶持。

总而言之，各种人情故事……

康美侬的松露

你的兄弟，弗朗索瓦，他到哪儿了？

他应该快到了。

弗朗索瓦·哈吉-拉扎罗，另类摇滚乐队"屠夫兄弟"及"皮加勒"成员。

挺烦的，如果他错过火车！

我们还是开始吃简餐吧，边吃边等。

鹅肝、黄油、腊肠，就靠这些活啦！

哇哦，你的黄油真不错！

世上最美味的黄油，是我妈妈做的！

不是所有人都这么好运可以出生在诺曼底！

里面还有一股腊肠味，是因为它和腊肠一起放了一晚上吗？

蒂埃里·布雷东自己烤面包。这是你的面包吗？

当然，我们新找了一个地方开面包房。

我们刚开始是在一家餐厅里烤面包，后来供不应求，我们只能另找地方。

Chez Michel
Vins de Vigneron
Cuisine de Cuisinier

当时真是盛况空前，记得店里常有一位女客人，总穿着黑色短裙和丝袜，屁股上沾满面粉，小资女！

她就喜欢这样，看到那么多男人对她垂涎欲滴！

我有一个非常好的团队，但我从未想到我们会服务五十多家餐厅！

也许我们不算是面包店，因为你不会去一家餐厅里买面包。

应该把黄油和松露放在一起，这样就有松露的香气了！

回程时可以这么做。

说起来，我们很长时间没去康美侬了！

*米歇尔私房菜，葡萄酒农的酒，烹饪大师的菜。

10

应该说，
以前我们很浮夸啊！

你好，列车长！

弗朗索瓦刚给我打了电话，他错过了火车，得等下一趟。

笨啊。

你把这些吃的照张相发给他。

想想他一个人时的那张脸，还是在火车上！

而且，他还要看什么内容都没有的报纸。

对啊，报纸上就讲讲同性婚姻合法的事，现在他们又找到了马肉的话题！

法国在速冻烹调食品中发现马肉的事件。

哈？他们给我们吃了一些垃圾，然后就没事啦？

我其实经常做马肉，老实说，我也不一定区分得出来！

如果是牛排的话，你还是区分得出来的。

我打赌，我给你们做4块肉，其中一块是马肉，你们一定区分不出来。

对我来说，我并不介意吃马肉！

20世纪80年代的沃日拉尔区，那里只有卖马肉的肉店，现在已经没有了。

马不是一直都有吗？

但是没什么人吃了。事实是，数量必须多到足够用于工业生产！

在罗马尼亚，人们发起了一场运动，他们觉得路上有太多的马车，所以马夫们就贱价出售他们的马。

这就是为什么我们会在农产食品加工链里发现便宜的马肉。

为什么马肉就不如牛肉呢？

这不是问题，问题在于真相。

我同意你的看法，这也是印象的问题。它反映了人们对马的喜爱。

在法国北部、比利时、卢森堡，还有人吃一点，除此之外没有人会吃。

如果马真的比牛更聪明的话，我们早就知道了！

而且，从来都没发生过疯马事件，至于疯牛事件……

我小的时候，我父亲说起过有头疯牛……这是什么意思，我不懂。总之，他尽快把它处理掉了。我总听到这种事。

然后，忽然有一天，人们弄出了一群疯牛，因为他们给牛喂了动物肉骨粉！

从小，我就从没听说过给食草动物喂动物肉骨粉……

就在不久之前，瑞士重新允许使用动物肉骨粉，即使它之前生产出过疯牛。

这就是金钱的力量，他们用钱让肉骨粉通过了审查。这就是农产食品加工业，这就是利益集团、财政大权！

然后，你就看吧，直到下一次食品丑闻出现前，这事儿都不会出现在新闻头条。

扑通！

哦，是谁在叫我？

请出示车票！

您来得正好，我有一个小问题。

如果票弄丢了，我还有办法找回来吗？

那如果您丢了票，您想怎么办？

这正是我的问题啊！

我哪儿知道，丢了就是丢了啊！

您不会是屠夫或卖腊肠的吧？

什么？

我原以为，我在跟一个有能力给我答案的人说话！

我有能力，但是，我什么都做不了，我又不是侦探！如果您丢了票，我可以给您补办一张，之后您看看在路上会不会出现奇迹……

再找到它。

在火车上，您必须有一张票！

您不用担心，我们遵守规定，重新买了票。

问题是，我怎样退掉丢了的票？因为我重新买了票，怎么证明我没用丢了的那张票？

您需要提供一张购买凭证。不管怎样，票是有具体的使用时间和车次的，它只在这个范围内有效。就是这样。

噗

我回答了您的问题吗？

？！

好了，我检过几个人的票了？我就知道还有这一张没看。

咔嚓

嘿！您把我的票弄坏了！

那位检票员朋友看起来好像不高兴。

我们确实有点嘲弄他。

但是关于票丢了的问题，我们没有得到更多的信息。

确实，刚才我们应该请他喝一杯的。

你们还记得吗？在去康美侬的路上，我们做了不少荒唐事啊……

为了给菲利普·洛朗过40岁生日，我们一大早和蒂埃里·福谢一起出发，就像今天一样。

菲利普·洛朗和他的夫人米谢勒于1978年在蒙布里松创建了康美侬酒庄，位于普罗旺斯的德龙省。

我们到达蒙特利马尔，下了车，站在站台上，才发现，该死，福谢不见了！

我们重又上车去找他，但没找到。车开动时，我们才看见他靠着车窗玻璃在睡觉，给他打了10次电话，他都没接。

*出口。　**蒙特利马尔。

结果他坐到马赛去了，直到检票员把他叫醒，为了查票。

可是，先生，您不是要来马赛，您是要去蒙特利马尔。

是呀。

等等，先生，蒙特利马尔已经过去了，您需要补多出来这一段路程的票。

您在说什么，我怎么可能在马赛？！

是我哥们儿让您来的吧！又是这种老套的玩笑！

您转过头去看看，您能在蒙特利马尔看见海吗？

而且，我们带了一盒1公斤重的鱼子酱到康美侬，他4点才到。猜猜那盒鱼子酱怎样了？

都吃光了！

倒没有，我们还是给他留了一点吧……

好了，我要去休息一下，今天凌晨3点才回家……我本来想早点回家的，可是昨天晚上，有几个中午常来的朋友和他们的家人一起来了！他们人真是热情，但是待到凌晨3点还是……

14

像这样天气好的时候，格勒诺布尔还是很美的！

*格勒诺布尔火车站。

马克西姆、米谢勒！哇哦，欢迎团！

我们都准备好了！

*瓦尔雷阿斯橄榄球体育联盟。

已经有几年了，每到这个季节，巴黎的几个厨师朋友就会带着自己的食材来康美侬，他们每个人都会做一道跟酒庄的松露有关的菜，这已经成了一种传统。

喏，你拿的是什么？

海胆。

天啊，可真大啊！我们把它们放进冰箱，明天吃。

但是，今年有点不一样。米谢勒与菲利普的大女儿是阿涅丝，她和老公奥利维耶在格勒诺布尔开了一家餐厅——巴拉特。

这一回，你们要坐到巴拉特的餐桌旁，尝尝大厨德尔菲娜的手艺。

这一路过去，我们还有空去看一位年轻的葡萄酒农——托马·菲诺，他就住在这附近。

格雷西沃丹山丘……

格雷西沃丹是什么？

就是这里的地名，伊泽尔省的山谷，在贝勒多纳山与查尔特勒山之间。

欢迎来贝尔南！请进，葡萄园已经差不多被雪覆盖了，所以今天我带你们参观酒窖。

我2008年才在这儿扎根，所以这里还比较简陋。

为什么在酒标上放拖拉机？

* 开箱面。

我和我的兄弟在爷爷的农场里长大。小时候，我们的玩具就是拖拉机。

"白色拖拉机"，一款容易入口的酒，不矫饰。

啊，这下我们可以一醉方休了！

说得不错，这玩意儿适合喝个饱！

我买了3000平方米，这是所有我能买到的地，剩下的就靠租，我一直都想靠自己的能力扎下根来。

从一开始，我就采用有机种植法。2010年，我申请了有机认证，要3年后才能获准在酒瓶上标注有机标志。之后，我会向生物动力农法转变。

你为什么要在这个地区发展？

我是坦莱尔米塔日人。

之前，我在瑞士工作。当我南下探望家人时，下了高速以后，我看见有几小块葡萄园还散布在山丘上。我问自己这是哪儿？我甚至都不知道这里还栽种葡萄。

我就穿着我的大套鞋来了，一个外乡人想做一些高质量的东西。其他人对我说："那我们呢，我们做什么？"

格雷西沃丹山丘是一个法定产区吗？

格雷西沃丹在1900年的时候是阿尔卑斯山区最大的葡萄种植区。

法定产区命名可以明确土地位置，我把它保留了下来，因为前人为获得它付出了很多努力。

20世纪70年代时，法国国家法定产区命名协会（INAO）提倡种植常规、改良的葡萄品种，人们致力于提升葡萄园质量。

但对我来说，这是一个错误的做法。因为，有很多好的葡萄品种我们都可以保留。

红葡萄有伊特黑、魄仙……色兰子基本上都消失了，在伊泽尔只剩下50株。官方出版的法定品种目录里删除了它，我极力争取让它返回了目录……这样把它保存了下来，可以说是救了回来。

白葡萄有维代斯、维欧尼、萨瓦省阿普勒蒙法定产区种的雅盖尔、比亚、灰皮诺。加上常规的红葡萄品种黑皮诺和佳美，还有白葡萄品种霞多丽……

我们还会研究土壤。

可，这就是矛盾的地方，你越是研究土壤，以便遵循其规律正确地工作，你越是不符合法定产区命名的规定。

但是同时，我们也不可能把酒和产地分离开来，土地的个性会体现在酒里。

最重要的还是知道你身在何处！

他就是一个典型的例子！背井离乡的人，却要赋予土壤更多的价值！

30年来，我们一直在讨论这个。我们应该把葡萄酒农推出来。

应该更多地凸显葡萄酒农的价值，而不是他们的地区，酒的好坏取决于他们！

我感兴趣的是人，是葡萄酒农，我不在乎法定产区，我只在乎人！

米谢勒把她的孩子们也叫到朋友们中来：阿涅丝，和她老公奥利维耶开了巴拉特餐厅，马克西姆和阿利克斯。

现场有葡萄酒农、厨师和酒窖老板。

阿利克斯

马克西姆

奥利维耶

阿涅丝

弗朗索瓦·里博，达尔与里博庄园，罗讷河谷梅居里镇

奥利维耶·拉巴尔德，尼斯的酒窖老板

米谢勒 ➡

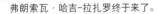

*巴拉特餐厅，亲切的美食。

弗朗索瓦·哈吉-拉扎罗终于来了。

我提醒你，在你的漫画书里，我的肖像权会很贵啊！

在厨房里，德尔菲娜正忙个不停，她的压力显而易见，今天要接待几位很有名的厨师。

我们找大厨！

你施加压力，我来安慰。

你们可以关门拉灯了，我们有话要说……

过了好几个小时，吃了很多菜，喝了很多酒，夜幕降临了……

马克西姆的女伴做出了牺牲，她只喝水，以便把我们都送回家。我们挤在瓦尔雷阿斯橄榄球俱乐部的迷你巴士里，乘着夜色赶往康美侬。

- 松露味千层酥和油酥饼
  佐奥斯皮塔家三河谷切片片火腿
- 松露芹菜根浓汤点缀松露片
- 鲜奶油松露焗烤蛋
- 韦尔科鳟鱼，格勒诺布尔核桃慕斯
  和斯佩耳特小麦意式烩饭
- 半只帕热镇特色鸽子，婆罗门参及松露汁
- 松露味莫城布里奶酪，韦尔科-萨瑟纳日
  蓝纹奶酪
- 巧克力和埃斯珀莱特
  辣椒泡芙

康美侬酒庄，一幢建筑，12公顷老藤葡萄园，这是菲利普·洛朗和米谢勒·奥贝里–洛朗1987年12月在蒙布里松买下来的，位于普罗旺斯的德龙省中心地带，葡萄酒就是在这里酿造和陈年的。

在1999年菲利普突然过世后，米谢勒选择自己继续这段冒险。

马克西姆·弗朗索瓦，他们三个孩子中的一个，在2006年回到康美侬陪伴她，并成立了一个小型酿酒公司。

POURPRE
*
2010
Maxime François Laurent

时间慢慢过去，葡萄园已经增加到26公顷。

*葡红酿酒公司，2010年，马克西姆·弗朗索瓦·洛朗。

从一开始，葡萄就采用纯天然的有机种植方法。

手工采摘，用当地的酵母发酵，不加硫，在葡萄园使用传统的生物动力农法制剂……

尽可能忠于土地和葡萄的风味，不扭曲它们，针对不同年份的气候条件做最佳调整。

30年前，我们就管这种方法叫"正常的种植法"。

菲利普算得上是领军人物……
那个时候，大家都在为合作社工作。

最开始的装备很简陋，一个小酒窖……然后有一天，他决定换成这个大酒窖用于酒汁发酵，橡木桶放在酒窖下层，采用重力酿酒法来酿造。翻耕葡萄园，手工采摘，加入最少剂量的硫。

他坚持采用有机农业管理法，即使他从来没有在酒瓶上标注过AB有机标志。有一天，他跟我说："你可以都做成有机的，但如果你是一个不合格的酿造者，你做的酒也不会好喝。"

20世纪80年代时，我开始跟他合作，从他那儿买酒，第一代"老奶奶"，超级棒！（先是叫作"老藤"，之后叫"百年老藤"，就是现在的"老奶奶"）……

他通过雅克·内欧博尔与皮埃尔·欧福努瓦和马塞尔·拉皮尔结识。当时，雅克正与朱·肖韦共事，天然葡萄酒就在他们的相识中诞生了。

鲁道夫和我，我们与菲利普合作，买下了万索布雷的葡萄园（就是今天的"女教宗"那款酒），当时真是一款出色的酒！

Domaine
Vins

之后，1999年的事故……为了参加他的葬礼，我们全都南下来到这里。

后来，米谢勒决定卖掉万索布雷大部分的葡萄园。

我们对她说："做你想做的，我都同意。"
然后，一年一年过去，米谢勒需要时间重新振作……
确实，那五六年过得有点难，但我们都没放弃。

*康美侬酒庄。

从那之后我就再没来过。这是我头一次重回康美侬。
昨天，我忽然有些隐隐的担忧……

不管怎么样，不管发生什么，直到我去世的那一天，
我都会一直捍卫康美侬。

人比什么都重要。对我来说，即使人生中有什么命中注定的事发生
在我身上，对那些帮助过我、成就过我的人，
我会用某种形式的价值……

一直从心底感激他们。最重要的是价值。
以及，可以面对面地见到彼此……

……此外，你看，
我觉得这酒比几年前
还要好。

这只是公的还是母的？

母的。

她叫什么？

法妮。

很遗憾，她不喜欢人多。

之前那只（死掉了），人多的时候她可高兴了，

真的很开心！

法妮只帮我找松露，她对其他人不感兴趣。

当她找到一个洞时，如果大家都围上去，她会害怕，就不挖土了。之前那只完全相反，她会一直尖叫，一直尖叫，好像在说："我好开心啊！"

在我买她的时候，她已经被训练好了，我对训练没什么耐心。

需要有耐心，一种不可思议的东西。

莫妮卡每一季都和她的母狗法妮在康美侬采集松露。

而且，训练也不是我的主要工作，训练狗的都是老年人。

他们有时间，而且，有些人只干这个，哈！

如果我理解得没错，这工作的收入也不错……

是的。

她多大了？

六七岁。
去找，快去找！
松露在哪儿？

地面没有
结冰，但是
有点滑。

去找，去，法妮，
去，去，去找！

她找到的话，
您会奖励她吗？

那当然。

是饼干吗？

不是，地上不能有饼干
渣，不然她就会一直
闻个不停。

这是格鲁耶尔奶酪、斯特拉斯堡香肠和
狗粮，都是好吃的东西。

去，法妮，
通常那里都有，去找……

快去——找！

一般来说，有松露的地方都不长草，
这是一个很好的信号。

这里应该有别的动物来过，
狗或野猪，这让她有些困惑。

去，去找。去，法妮，
松露在哪儿？

平常，周围没人的时候，都不用我挖，她自己会挖，这还挺让人惊讶的。

如果我需要在这上面花时间，那就不划算了。

她会一直挖到我能看见松露，你们看见了吗？

要有好视力。

这个，土地的味道，好浓郁……

不好意思，这个得还给我。

去，去吧，把松露带来，去带来……

这一带的松露都很小。

这就是为什么我让她挖，这个松露我就不一定能挖出来。

松露在哪儿？快去找，松露在哪儿？我知道那里肯定有一个！

汪汪。

来，拿过来，拿过来！啊，完了！

她吃下去了！

她有时会吃松露吗？

更小一点的，她会吞下去，有时我会从她嗓子里抠出来！

然后，你要当心，因为它会悄悄地吞掉。

要是用猪会更糟。

啊，对的，我见过他们用猪来找。如果你不在它边上站着，你就要上当了。

它们很贪吃，而且，它们的嘴巴可不像狗的嘴巴这么容易打开，我可不愿意尝试！

那些小的松露，留在土里不是更好吗？

不是！它们不会再长了。

您怎么知道它们不再长了？

这会儿已经是二月了，它们的生长季结束了。

而且，狗已经把它弄出来了，我不能把它再放回去，它会烂在地里。

您刚刚闻了您的手……

我们在看到松露之前，可以先闻闻气味。

这个闻起来没那么香，和刚才的不是一个味道。

同一片地里的松露，也可能不同。

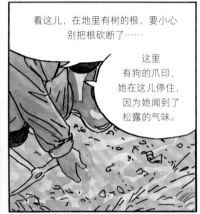

看这儿，在地里有树的根，要小心别把根砍断了……

这里有狗的爪印，她在这儿停住，因为她闻到了松露的气味。

之后，在卖出去前，要把它们刷干净。

不用洗吗？

哦不不不！不能洗只能刷。

您干这个很久了吗？

嗯，我63岁，干了快40年了！

这把镐是老古董了，这是我妈妈用的，她一直用它挖。

我还能拿它当拐杖使。

那狗的品种呢？

没什么要求，只要是训练过的就可以。

刚才那个是松露吗？

我觉得不是，有时候是猫屎……我担心的是，有人放一些东西想要毒死狗。

但是，那个，那只是一只路过的猫，在这里解决了它的需要。

去去，去找！

去，去找……松露在哪儿？

"去去找松露在哪儿"，这是一句当地土话吗？

公狗好还是母狗好？

我喜欢母狗，公狗每5分钟就尿一下。

而且母狗更听话一些。

去，去找，法妮……

我们两三天没来，期间野兔和野猪来过，而狗都有狩猎的天性……

有很多吗，偷盗松露的人？

啊，是的，是的。

两个月之前，已经结束了，他们当时还用了猎枪！

好像这个星期又发生了……

是我表妹跟我说的，他们在里舍朗舍镇打死了一只狗。

怎样训练狗呢？

我有一个表兄去了动物保护协会，那儿有一窝狗被关在一个园子里，第一个走向他的，他就带走。

这首先需要天资。他让狗习惯于这种味道。他会把松露藏到网球里，然后，渐渐地，将球藏在土里，狗就会去挖土。

训练一只狗有很多方法，还需要有耐心，我表兄就很有耐心。

又找到一个！

人们还没有发明一个松露探测器吗？就像一个煎锅那样可以边走边拿着探测……
哔哔哔，松露、松露、松露！

别吃下去！

这个，个头不大，我拿到的也只是渣子。法妮知道是个小的，所以就吃了！

可我不太愿意让她吃，不然，慢慢就成习惯了。

但是，大的她不会吃，她会拿给我。

去，去拿过来！

要随时盯着她。

你们看，这儿还有个老鼠洞。

啊，这些讨厌鬼。

要逮住那只老鼠，没准它还是松露馅儿的！

得有小羊腿那么大。

哦，见鬼！

看看这个松露有多大！但是法妮只对狗粮感兴趣。

来，两个，这是应得的。

你今天很乖，干得漂亮……活干完了，就得给她奖励。

咔嚓
咔嚓
咔嚓

啊？！
马上……

你们还要一个吗？

品酒会要开始了，我们得走了，不然就没酒喝了。

无所谓啊，我们有松露。

29

菜 单

圣日耳曼驿站酒店
吧台

带壳水煮溏心蛋
松露味细长面包块

◇

博尔迪耶黄油奶酪松露三明治

◇

醋汁沙司摩洛哥坚果油拌青芦笋
飞鱼籽，熊葱

◇

柴火烧制贝阿恩猪血肠
西番莲果汁配巧克力酱

◇

松露奶油味莫城布里奶酪

◇

佩里戈尔黑松露热舒芙蕾

比利牛斯果冰杯

圣日耳曼德佩

让-伊夫·博尔迪耶半盐黄油
奶酪松露三明治

瓦尔雷阿斯黑松露，卢·卡佩图奶酪

准备时间：15分钟
烹饪时间：5分钟

食材（4人份）
★8片新鲜的切片面包
★100克让-伊夫·博尔迪耶半盐黄油
★80克黑松露，切成薄片
★80克法妮·费朗家的卢·卡佩图奶酪

在食用前1至2天开始准备
（松露的香味可以完全散发出来）

1.在一个烤盘上放切片面包，面包上放切成薄片的奶酪，
之后再放上松露片，松露每两片面包放一片。

2.撒一点盐之花和胡椒调味。

3.用有奶酪的面包片盖住有松露的面包片。

4.把每个三明治用保鲜膜仔细地包起来，
放入冰箱至少存放24小时（可以放2到3天）。

5.品尝之前，把黄油软化成黏稠的膏状，三明治去掉保鲜膜，
用刷子把两面都涂上黄油。

6.在不粘锅里，把三明治两面煎至金黄。
完成，可以品尝了。

建议配酒：康美依酒庄，"老奶奶"干红，2007年份，罗讷河谷法定产区。

带壳水煮溏心蛋，
松露味细长面包块

准备时间：10分钟
烹饪时间：3分钟

食材（4人份）

★8个新鲜鸡蛋
★1个约50克的松露
★2片新鲜切片面包
★50克让–伊夫·博尔迪耶半盐黄油

准备工作

1. 准备烹饪前5天，把鸡蛋和松露放在一个密闭的塑料盒里，
   置于冰箱中（让松露的味道渗透到鸡蛋里）。

2. 烹饪当天，把松露取出，用搅拌机打碎后与黄油一起搅拌。

3. 将面包烤至金黄，每片面包切成均等的4条，
   并涂上之前准备好的松露黄油。

4. 煮带壳溏心蛋。

5. 用面包块蘸溏心蛋吃。

安古兰市，在安古兰美食节总代表帕特里克·马尔迪基安的邀请下，伊夫来给拘留所的拘留者们做一次厨艺培训。

这间拘留所是1858年建的，地处市中心，圣罗克路112号。那个时候，大人们都跟小孩说，你要是不学好，就会在112号度过你的余生。

靠烹饪越狱

这里是一个小机构，有104名工作人员和200名左右的拘留人员，就像一家中小型企业。

看守、行政、秘书、会计、总务，当然还有国家教育部指派的培训导师、未成年司法保护中心的人员、指导神甫、律师……

* 拘留所。

这里，我们有被控告犯罪者（等待判决）和被判刑的人，分成4个隔离的区域：男人、女人、未成年人和半自由的人。

帕特里克·马尔迪基安

工作人员不佩戴武器，但他们都接受过训练，他们和拘留者的关系建立在人文关怀和相互尊重的基础上。

克里斯蒂安·帕特罗内，机构负责人

需要给那些不尊重任何事、任何人的拘留者们解释清楚这一点，对于他们来说，监狱让他们成为一个人。

这是大厨卢多维克和负责监狱培训的法比安，他们和您一起进厨房，与拘留人员一起准备饭菜。

20年前，我在弗勒里工作时，牢房里有音乐会，仅此而已。

之后，那里调任了不同背景的负责人，有些人是从融入社会服务部门过来的，他们对外部的这些培训持开放态度，我们有了电影、动画……和烹饪，就像今天一样。

我做重入社会培训已经8年了。之前，我有一家餐馆，还有一间优质美食餐厅，我也在食堂干过。

一天，我应聘了一则启事，当时都不知道是在牢房里工作。不过，从人的角度出发，这工作很有意思。显然，什么事都能见识到。

我对他们说，我是个厨子，不是社会助理，也不是教育家。他们干了蠢事。但是我们无权追究他们为什么会在这里。如果他们想说，自然会说。

有一天，他们跟我说：我们给你带来一位客人，一个职业厨师。他干了什么？我问。他捅了他妻子32刀，把她杀了……

我只知道，我要做190份饭，而且要按时供应，其他的我没兴趣。

你干好你的事，人家自会尊重你。

我们呢，有人教我们尊重邮递员、老师、医生。可能没有人教过他们。至少，这种形式的尊重，不是消极的。

而且，与其在监狱的小房间待一整天，他们更乐意把时间花在工作上。

早晨起床，觉得自己是个有用的人，不必被人像鼠疫患者一样对待。

但是，外界对监狱的看法有很大改变。不好的结果就是，人们不再惧怕蹲监狱。

先生们，你们好。

大厨，您好！

今天是星期五，我们做酱汁鱼、蒸土豆……

头盘，苦苣沙拉，以橙子果肉切瓣做装饰，然后用橙汁做成凉拌酸醋汁。

然后，我们在做鱼的酱汁里加入糖渍橙皮，改善一下日常伙食……谁来帮我做苦苣沙拉？

我之前在巴黎的餐厅工作，很荣幸可以和一位有名的大厨一起工作……

我们是一样的，都是厨师。

这里跟其他做集体饭的餐厅有什么不同？比方说医院或学校食堂，压力会更大吗？

也没有，只能说这里是个监狱，其他没什么不一样！

我们的关系也很平常，这些伙计们工作，我们一起喝咖啡。基本上都很顺利，我们是一个好的团队。

在拘留所里没有长时间的服刑，如果是在中央监狱里工作就比较复杂了……

哦？为什么？

一个被判了无期徒刑的人，无所畏惧……

嘿，大厨，这刀切不动！

34

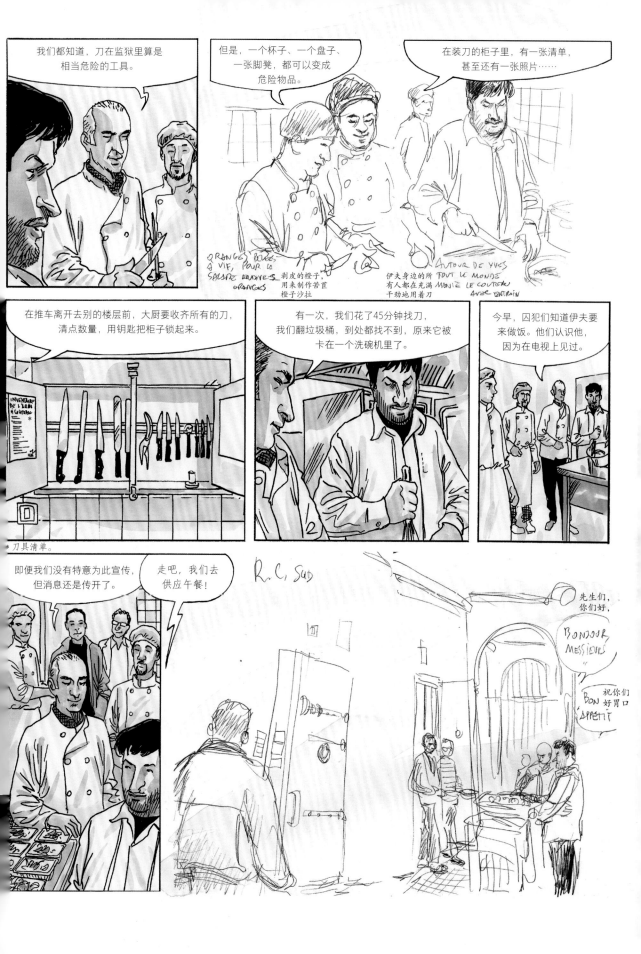

我们都知道，刀在监狱里算是相当危险的工具。

但是，一个杯子、一个盘子、一张脚凳，都可以变成危险物品。

在装刀的柜子里，有一张清单，甚至还有一张照片……

ORANGES PELEES À VIF, POUR la SALADE D'ORANGES ORANGES
剥皮的橙子，用来制作苦苣橙子沙拉

AUTOUR DE YVES TOUT LE MONDE MANIE LE COUTEAU AVEC ENTRAIN
伊夫身边的所有人都在充满干劲地用着刀

在推车离开去别的楼层前，大厨要收齐所有的刀，清点数量，用钥匙把柜子锁起来。

* 刀具清单。

有一次，我们花了45分钟找刀，我们翻垃圾桶，到处都找不到，原来它被卡在一个洗碗机里了。

今早，囚犯们知道伊夫要来做饭。他们认识他，因为在电视上见过。

即便我们没有特意为此宣传，但消息还是传开了。

走吧，我们去供应午餐！

R. C, SUD

先生们，你们好BONJOUR MESSIEURS

祝你们好胃口BON APPETIT

这里为什么叫
罗蒂丘*？

吉勒·巴尔热，罗蒂丘葡萄酒的市场总监，站在葡萄园中。

你看，现在正值隆冬。
即便如此，这块山丘也只有些许风，
温度仍比山谷里高3到4℃。

在葡萄园里穿西装是特殊情况，因为我刚跟酒类市场的官员、民选代表、知名人士和受邀嘉宾吃过饭。

平常，我的装扮是这样的……

这里拥有2400年的历史。古罗马时期，作家普鲁塔克就提到过这里的酒，之后小普林尼和老普林尼也有提到，然后，特别是在维埃纳还是古罗马殖民地的时期……

里昂当时只是个港口，罗马帝国的行省总督们驻扎在维埃纳。当军团没事做时，总督就让他们干这个。行省总督给百夫长一块土地，然后队长和他的士兵一起干……

在法国大革命前，罗蒂丘葡萄酒专供所有宫廷，一直到俄国……这里是西拉葡萄的摇篮，西拉一直都是法国重要的葡萄品种之一。1860年时，我的先祖皮埃尔·巴尔热就已经开始酿酒了。

1870年左右，根瘤蚜虫害爆发，带来了霜霉病和白粉病。

这是全球化的第二个灾难。

Côte Rôtie
BARGE
PROPRIETAIRE depuis 1860***

* 法文Côte-rôtie意译为"烤焦的山丘"，音译为罗蒂丘。
** 莉薇娅·奥古斯塔神庙，位于法国伊泽尔省维埃纳市。
*** 罗蒂丘，巴尔热家族庄主，源自1860年。

罗蒂丘，
2400年的历史

全球化的第一个灾难，是欧洲人把流感和天花带到美洲，而当地人并没有打过疫苗。

因果报应，几百年以后，19世纪中期，人们从新大陆带回了很多葡萄品种。

根瘤蚜、霜霉病和白粉病就是附在那些植物上被带来的。

当时，欧洲所有的葡萄园都被这些未知的病传染了。

Fig. 3. — Phylloxéra vastatrix. Femelle ailée et jeune femelle aptère, vus en dessous et très-grossies. *

J. TISSANDIER

* 根瘤蚜。有翅雌性和雌性幼虫，放大的腹部图。

那个时候，人们急需找到应对方法。

对于根瘤蚜，他们采用了嫁接的办法，这些被带来的美国藤在虫害中生存了下来，具有免疫力……

人们用铜（又称波尔多液）来对付霜霉病，用硫来对付白粉病。

但是根瘤蚜不能根除。

所以我们必须采取预防措施，因为葡萄一旦被传染，就无药可救了。

尽管如此，在30年的时间里，人们连根拔掉又重新种葡萄藤，因此，到了1914年，葡萄种植面积已经恢复到与虫害爆发之前相同的规模。

真正的大灾难，
是"一战"……

在死者纪念碑上有150个居民的名字，在昂普依的1500位居民中，90%都是葡萄种植从业者。

国家发配他们去任人宰割，然后，
有人回来，都缺胳膊少腿……

再加上那些没有出生的一代，
整个家族都消亡了……

那时，荆棘和树木在葡萄园疯长，即便那些
回来的人，当他们看到这么大规模的灾害，
就像刚才我们看到的那片森林，
他们也就听之任之了。

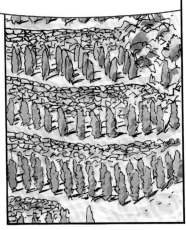

"一战"以前，这里有300多公顷葡萄园，
当1953年葡萄种植者工会成立的时候，
就只剩下57公顷了……
没有人愿意攻克这个难题。

在20世纪五六十年代，
那些耕耘葡萄园的人里，
就有我的祖父。

葡萄园不仅损失了面积，还有它的名望，市场上都没酒了。

大家都一边种菜，一边种树，一边种葡萄……

在平原上肯定更容易劳作。

而且种菜比种葡萄收入更高。

我一直都在罗蒂丘种葡萄……我们小的时候，常去那里恶作剧，砍些榛树枝来做弓箭。

这里，跟山丘那边的是同一片森林，荆棘密布，根本就穿不过去。

*巴尔热。

然后，我做了决定。

从1997、1998年开始买这些林地，这真是我人生的大工程，完全没法想象。

我们从1999年开始整理土地，2010年在那下面的最后一片地里种上葡萄藤，用了10年……

最开始，用割木锯砍树看起来好像没什么，但当你把树放倒在地上后，还需要把枝丫都砍掉，那些橡树有这么粗！要清理现场，用一个重达1200公斤的铲子把树桩连根拔起。

这些都得我来做，因为没有哪个公司愿意拿员工的生命来冒险，我干了所有的事……

**巴尔热。

2003 年，我们在这里装了单轨架空索道，因为每天都要过去。

这是机车，瑞士产的，所有索道都是手工安装的……

你有多少个员工？

5个常驻的人，我们有差不多10公顷田，不算很大。在绑枝和采摘季节，我会请一些季节工。

那些伙计，什么都会干，打理葡萄园，还会砌墙。我发明了一个新词：砌墙专业户。怎样把石头垒起来，怎样把墙砌起来，这都是有学问的。

一开始，我们只用干石头，干石头的优点是倒了以后还可以一直反复砌。

但是现在，在一些地方，比如那里的排水沟边，我们还是会加一些水泥，这样不用总去重砌。

黄油菜式

我真正的工作不是制作黄油和奶酪，而是制造快乐……

圣马洛，在让-伊夫·博尔迪耶的黄油店。

LA MAISON du BEURRE

AUTOUR du BEURRE

*黄油店。

你一直都生活在布列塔尼这里吗？

当然不是，我算是巴黎人。

我父母是圣莫镇的乳制品商，我从小就喜欢帮爸爸干活，他是奶酪精炼师。

我一直都很喜欢这份职业。

你知道吗，1961年我就熟悉巴黎的生鲜批发市场了。

那真是一段辉煌的时期，之后市场就搬去翰吉斯了。

当时的气氛还真是奇幻……理发师，还有清晨的风尘女子！

1982年，我在拉尼永扎根。我很喜欢帆船，想离海近一些。1985年，我在圣马洛把这个奶制品店盘下来，那时候前任店主做一点黄油。

当我跟父亲说我要去做黄油时，他以为我异想天开，因为精炼和制造是两件不同的事。

所以，拉尼永和圣马洛，我总是两边倒，一直在路上，直到那次交通事故，我差点死掉……

必须要做一个决定，我在1988年时放弃了拉尼永。

我那时就已经和像奥利维耶·罗林热那样的大厨合作了。从1996年开始，店的运作越来越好……

而我们呢，是在1996年安古兰美食节认识的，我正在经营瑞家来小酒馆。

1999年，我被克朗尚家族重新雇用，他们是特力巴拉乳品厂的持有者。

20世纪70年代，他们就向农业部提交了有机牛奶的行业准则。

那时候，人们把他们当外星人。今天，他们已经是法国有机牛奶第一大生产商。

所以，你保留了同样的生产方式吗？

他们从一开始就很信任我，给我完全的自由。

我在对的时间遇见了他们……

*特力巴拉。

否则，今天的我就不存在。独自一人，我是没有办法让生产符合标准的。

为了把传统技术运用到现代化的生产模式中，我做了很多工作，恢复，延续。

你所有的生产商都是有机的？

是的，或者他们正在转变成有机生产，但是需要3年。也就是说，再过几年，我的产品就全部是有机的了。

我追求有机认证只是为了食品和饲料的质量，对环境的尊重……标签只是贴在瓶子上的一张纸。

对我来说，最重要的是奶质。

对奶最完美的定义诞生于1905年，它概括全面，我一直谨记在心：

奶，即对喂养得当的、没有过度劳累的健康雌性动物，进行连续地、完全地挤奶所获得的全部产品，不含初乳。

这儿有多少头奶牛？

60头，每天可以产20升奶。

制作1公斤黄油需要22升牛奶。

莫兰先生，富热尔一带的有机养殖者。

它们主要是以干草为饲料，一些谷物……我们自己生产干草。

我们6月割草，然后在谷仓里晾干。

我们采集屋顶的热气。从5月开始，天气转热，草很快就晒干了。也需要通风，不然的话，草会发霉，所以需要干燥的空气。

与青贮饲料最大的不同点就是，干草没有经过发酵。

2008年初，一场全球金融危机导致牛奶的销量直线下滑。2009年，一切都崩溃了，真是一个灾难。

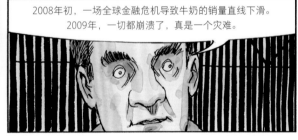

按照规定，有的人每1000升牛奶只能拿到200欧元，没有办法，就是这样才有了那些想不开的人。

我有一个朋友和他老婆养了160头牛，他们没有办法经营下去，他老婆必须去做第二份工。

现在，按照规定，每1000升牛奶的收购价是360欧，有机的是460欧，也就是说有机养殖者可以生活得更好……

而且不会破坏环境。

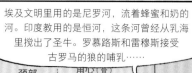
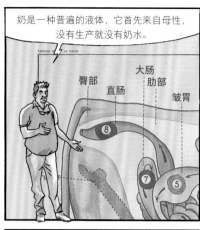
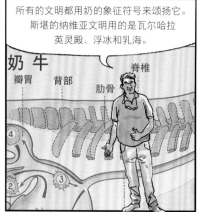

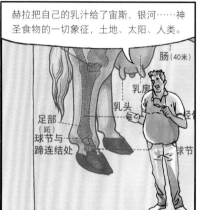
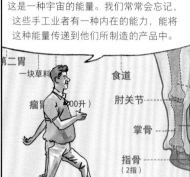

努瓦亚勒，雷恩旁边，生产工厂。

在成为老板之前，我是一个工人！

这里让人觉得舒服，也让黄油和奶酪觉得舒服。

*博尔迪耶。

现在，我有70个员工，其中有25个人拍打黄油。

有时候，我也会自问我是不是疯了。2005年1月8号，当我搬到这个新厂时，看到这么大的工厂里只有我一个人，我哭了……

黄油生产厅，我在圣马洛生产黄油和奶酪的作坊也就这么大。这里所有的东西都是手工制造。

我们周一收牛奶，然后送到乳品厂去脂。牛奶被倒入奶油分离机里，离心作用能使水分和油脂分开。我们控制自然成熟的过程。

周三早上，我们把油脂倒入14℃的搅乳器中，机器通过摇晃会让油脂发生转化反应。

我们把水分，即乳清，从搅乳器排出。然后我们用冰水冲刷出颗粒状的黄油，之后再加入与排出的乳清等量的清水。

50分钟以后，黄油就制成了。

我是最后一个用木制捏和机工作的手工业者。这是柚木的。
我们把25公斤的大黄油块切成片，以便使用于揉捏。

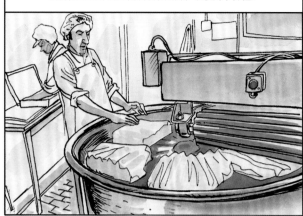

我们不戴手套工作，因为比起在手套里有一双脏手，直接用干净的
手工作更好，因为如果手套破了就太可怕了⋯⋯

如果非用不可，我们会用蓝色的，
即使丢了一只，也容易找到。

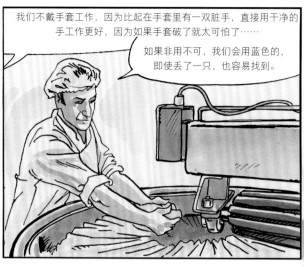

撒盐操作。我们也是法国最后一批这么做的工厂。
从空中撒细盐，盐是历史上最早的防腐剂。

学习这种动作需要3年的时间。
根据不同季节和温度，动作需要相应
调整：半盐黄油，盐占0.5%到3%；
全盐黄油，盐占3%以上。

你看黄油出了
好多水！

当我的黄油唱歌时，
它在哭泣；
当它哭泣时，
它在唱歌！

我们会在一个不锈钢
的混合器里加入
紫菜、香橙、埃斯珀
莱特辣椒等配料。

20克，125克，250克，我把大块黄油
放进这个推杆里，这些平行的金属丝
根据精确的克重把它们切成
圆柱体形，就像20世纪初一样。

我们再用木板拍打黄油，
为它们塑形，方形、圆柱形
或是锥形。

我所有客户的印章都在这儿，
有两三百个，用圆凿雕刻出的标志，
有著名的店铺、酒店、餐厅⋯⋯

为了有利于奶酪的精炼，
我创造了一个跟天然地窖一样的环境。

木头、稻草，你不会因为
卫生问题而烦恼吗？

他们经常过来检查，
我是他们的优质客户。

稻草每次使用过我都会换，他们对
制作方法没有要求，主要看结果……

我倒是希望不再这么
干，但是，我们以后
就只能吃用塑料盛放
的消毒奶酪了。

天然外皮奶酪，蓝纹奶酪，大块现切奶酪，
精炼山羊奶酪……来源都是可追溯的，我们有
270个法定产区，花皮软质奶酪有：布里、
库洛米埃、布里亚、查尔斯、圣马尔瑟兰、
圣费利西安、嘉普隆……

压缩未熟奶酪精炼室。这里有科西嘉奶酪、
康塔尔、萨莱尔、帕马森、洛泽尔、
热克斯蓝纹、托姆、圣内克泰尔……

这里放置的是压缩成熟奶酪，孔泰、博福尔、格鲁耶尔。
我们用这个探针来品尝奶酪，戳进去，品尝，之后再把洞堵上，
不能让空气进去。

我个人不追求4年以上的奶酪，我更喜欢年轻一些的。现在，有些
做奶酪的人吹捧拥有四五年以上的奶酪，我觉得有点走极端了！

这跟葡萄酒是一个道理，有些酒是
用来陈年的，有些则不是。

追本溯源，
你说这些农民，
他们会希望长时间
存放奶酪吗？

当然不，因为
他们需要钱啊！

就是啊，所以怎么可
能让奶酪在那儿放
4年都不卖呢？！

好了，品鉴的话，还是要从味道轻的
开始，循序渐进。

绍塞群岛的龙虾

"徒步捕鱼的特色在于需要使用双手来干。"（乔治·弗勒里）

塞巴斯蒂安·拉巴克，《费加罗报》文学专栏记者，跟他的两位朋友，伊夫·康德伯德和让-伊夫·博尔迪耶在绍塞群岛上，趁着冬天的大退潮，来做一个关于徒步捕鱼的报道。

塞巴斯蒂安穿着捕鱼的服装

La petite Côte, Chausey 02.03 2014

在春分大退潮之际，我们邀请了画家雅克·费朗代以一种特别的方式参观绍塞群岛。他胳膊下夹着水彩画本四处观光，更胜于一个带着徕卡相机的摄影师。

绍塞是一座画家的岛。在大陆的老格朗维尔博物馆里，我们就能发现它的身影，那里悬挂着三十余幅皮埃尔·布雷特的水彩画，描绘了岛上钓鱼的场景和海中的风光；而在这座岛上，蓝色百叶窗、青灰色屋顶，马兰-马里房子的白墙上安放着他的纪念牌，永久流传："马兰-马里在这里生活过，航海者、画家、讲故事的人、水手和渔民的朋友，1901—1987。"在这处居所里，人们甚至能在一张诺曼底床的内挡板上欣赏到一幅感人的壁画。这是年轻的马兰-马里所作，配以他兄弟伊夫的拉丁文题词，伊夫后来成为了海军准将。这幅画以天真的手法、绚丽的色彩描绘了群岛的历史。

我们邀请的这位画家胳膊下夹着他的水彩画本，更胜于一个斜背着徕卡相机的摄影师，他以一种特别的方式参观绍塞群岛，在春分大退潮之际

Anse de la Truelle.

我们准备好了，你跟我们一起吗，让-伊夫？

克里斯托夫，探险的组织者。

你知道的，我比较倾向于帆船。我惯于航海，但是今天，我实在不愿意在一艘马达船上摇摆……

带点好龙虾回来，我和克里斯托夫准备开胃菜。

龙虾，又是龙虾，我都吃腻了！

当然了，你就是从那儿来的。

马克，圣马洛的酒店老板。

纪尧姆，圣马洛的冷饮商。

吉勒，圣马洛的鱼店老板。

这位记者要弄湿自己啊，新闻界上船咯！

水有多少度？

9.2℃。

我们可不会觉得热啊，看起来这船要在水上漂15分钟。会有点小晃动。我们绕着岛转一圈，找一个合适的地方抓鱼。

52

船的后面太重了！

这里有不少鲍鱼和蛤蜊，但也得好好找一找……

这是沙地，我们可以把船泊在这儿，然后去找找，试试看能不能找到龙虾。

戴一顶干的帽子很重要。

我的脚有点湿了。

我们试着两小时内结束任务！

你看，这有些小排泄物。当龙虾挖它的洞时，入口处会有一小堆沙子，就像这样。

你把钩子从岩石底下滑进去，如果有啪啦啪啦的声音，就是有东西。
但是要注意，通常它们还会有第二个出口，所以它们会从那边逃跑。

啊哈哈。

头开得不错啊！

太小了。

长度必须达到规定的8.7厘米……

这个就可以吧，它肯定超过8.7厘米了。

不是整个长度，而是脑胸长度（从眼窝到脑胸边界的长度达到8.7厘米，相当于一只重约450克的龙虾），如果比这个小，就得放生。

我还看到了黄道蟹，都太小了……

啊哈哈哈！

我说，塞巴斯蒂安，你找到了什么吗？

嗯，一只黄道蟹、一只大牡蛎、一些蚶子、蛤蜊和扇贝。

很漂亮！可是，它少了一个钳子！这是他没法逃走的原因吧！

这是一个关于萨卡·圭特瑞在餐馆吃饭的故事，人们给他端来一只仅有一个钳子的龙虾，酒店大厨跟他说：您可能不知道，大师，龙虾十分好斗，当它处于劣势时，就会把自己的钳子留给对手……

然后，圭特瑞回答说：如果是这样，为什么不把胜利者端上来！

差不多该走了，涨潮了。

天气变糟了，回程肯定不会那么清静。

这可一点儿都不有趣，海潮、大风、水流，全赶上了！

哔哔哔

该死，螺旋桨一离开水面，安全系统就会切断引擎……如果没有引擎，船就得朝着与浪潮垂直的方向前进，就像一个果壳那样漂回去。

就目前的情况来看，我们根本没办法越过这个岬角。我们试着走另一边，风和浪可以在背后助力。

好吧，不过我不是很喜欢被风和浪推着走。

该死，我可是出生在山上的人呀！

我是比利牛斯山人！我在这海上搞什么鬼？！

捕鱼怎么样？

让我看看！

不能说我们一无所获地回来了，但是要说我们保障了后勤，也是谎话。

是啊，刚刚够开胃菜。

好吧，我们预见到了，吉勒准备了一些圣马洛特有的龙虾。

我们不会饿死了！

做饭比捕鱼更有意思！

菜 单

圣日耳曼驿站酒店
吧台

半盐黄油旺火速煎绍塞明虾
✧
洋葱汁扇贝和苹果酒蛤蜊
配高脂奶油
✧
让-伊夫·博尔迪耶紫菜黄油
焗烤蓝色龙虾
✧
古丹维尔特色香肠煎饼
✧
酪乳泡饼
✧
苹果肉和苹果烧酒荞麦饼
✧
苹果酒糖果

圣日耳曼德佩

绍塞灯塔

伊夫
Yves

克里斯托夫
Christophe

让-伊夫
Jean-Yves

让-伊夫·博尔迪耶紫菜黄油焗烤绍塞蓝色龙虾

准备时间：15分钟
烹饪时间：5分钟

食材（4人份）
★2只活的蓝色龙虾，每只800克到1000克重
★20升海水
★200克让-伊夫·博尔迪耶紫菜黄油

准备工作
1.在一个大盆里装满20升海水，烧开。

2.水有一点翻滚时放入第一只龙虾。
水沸腾后将虾取出，目的是让肉质紧实。
用同样的方法做另一只。

3.从尾部开始往头的方向将龙虾一切为二，以免虾脑污染虾肉。
去掉会带来苦味的虾线。

4.将4块半边龙虾放入一个烤盘中。

5.在每半边龙虾上从头到尾放置小块紫菜黄油。

6.将龙虾放入预热到180℃的烤箱里，烤4到5分钟，
以便保持虾脑呈慕斯奶油状。

7.取出龙虾，剪下钳子，将钳子再放入烤箱2到3分钟，
与此同时将龙虾身体部分摆盘。

8.取出钳子，摆盘。

建议配酒：博比内庄园（埃米琳和塞巴斯蒂安），格鲁大瓶装干白，
2013年份，索米尔法定产区。

博若莱的记忆

"在我的记忆里，马塞尔·拉皮尔的墨贡产区酒从未让我失望过。"
（居伊·德波）

马塞尔·拉皮尔（1950—2010），葡萄酒农，墨贡和博若莱产区生产者，天然无硫酒的先驱者。在位于博若莱的维列墨贡的橡树酒庄里，他工作时一直尊重土壤，从不使用除草剂或者化肥，不论是耕种葡萄园还是酿酒，他都绝不使用控制植物病害的产品，如工业酵母和二氧化硫。

克里斯托夫·巴克莱是葡萄酒农兼酒商，接受过厨师的培训。他是马塞尔·拉皮尔的侄子，并和他一起工作了很长时间。

法国酒的历史与道路的连通密不可分。博若莱是一个交叉道口。

南部的酒沿着索恩河运过来，到了这一段，河水就不能航行了。

所以，酒在这里被从船上卸下，用货车运到博若，就是这个大区的历史中心，大区名就取自博若。

博若，博若莱，啊，原来如此！

然后，酒会通过卢瓦尔河运走。经过品鉴和筛选……

在旅途中损坏的酒被送往奥尔良醋厂。剩下的酒通过布里亚尔运河到卢瓦尔河，再从卢瓦尔运到塞纳河，最终运抵巴黎的贝尔西区，以便为巴黎供酒。

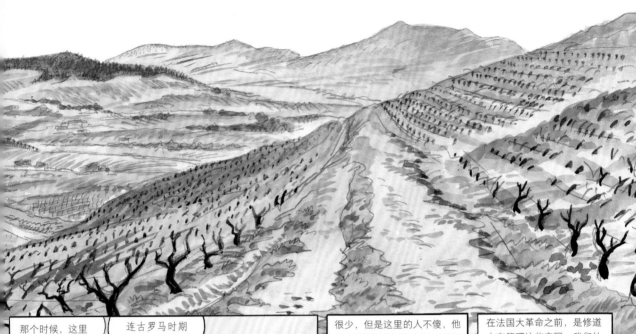

那个时候，这里
几乎没有酒。

连古罗马时期
也没有？

很少，但是这里的人不傻，他
们经常看见桶装酒经过，所以
开始自己酿酒，并越酿越多。

在法国大革命之前，是修道
士在管理这些庄园。我们处
于克卢尼修道院、里昂教堂
和福雷教堂的交叉地带。

那个时代，人们并不谈论法定产区，
而是说教区……

穆兰阿旺教区，榭纳教区，弗勒里教区，
都可以向巴黎售酒。

其他教区可以把他们的酒销往里昂、
圣艾蒂安、克莱蒙-费朗……大革命以前，
市场都是由修道士们划分的。

大革命之后，1830年左右，我们遭遇了蟓虫危机，一种吃葡萄藤根的昆虫，是根瘤蚜的祖先。

所以呢？
它全都吃了？

有一天，一个叫伯努瓦·拉克莱的人，把洗过碗的热水泼到葡萄藤下，结果发现葡萄藤没有染这种病。

热水能杀死幼虫！

所以，人们决定拿沸水烫葡萄的根部，使用一种热水壶，都是女人们来做这事儿。

热水壶？！

别紧张，伊夫，热水壶是我们煮沸水的容器。

19世纪50年代，人们还修建了一些教堂用来祭拜圣母玛利亚。

那管用吗？

多少管用了，几年吧……

之后，在1870年左右，根瘤蚜到来，摧毁了一切。

那时，圣母玛利亚也抛弃我们了。

当时真是恐怖！这里很多人都饿死了……

解决办法是，人们开始用天生有免疫力的美国葡萄藤嫁接佳美葡萄。

人们重新种植，产量和质量还不错。

佳美的问题在于，它是一个多产的品种。按照每公顷5000升的出汁量，你完全可以酿造很高质量的酒。

但是，你也可以每公顷产出15000升！

啊哈，一口真正的葡萄酒井！

一些葡萄酒农、酒商被迫提高产量，让葡萄超负荷产出。

里昂城受三条河浇灌：罗讷河、索恩河和博若莱河！

那边，有欧洲最大的淡水源，东布池塘。你看，这里是法国少见的2000多年来未经历过大战的地区之一。

因为什么？是酒让你们变得平和、幸福和充满爱吗？

哈哈哈！

酒让我们和平，有名的口号！

所以，听起来，你们是和平主义者！

从某些方面说……

但是，我了解这些博若莱人，他们是地道的高卢人，真正的斗士！

我从1999年开始和马塞尔学做酒生意。
他培养了我。他总能先人一步，有预见力。

在那之前，我和马塞尔都觉得只有自己
在酿好酒……

这也是事实吧……

呃，其实不是，还有很多人都在酿好酒……但这些好酒会被
装在酒罐里，与其他加了硫的酒混合，

然后就消失了。

所以就有了酒商的介入，为了寻找这些
酿得好的人，在这些好酒消失之前，
把它们买过来。

酒商总被大家诋毁，但是，有大量的
酒农并不知道自己酿的酒好，或者
他们没有能力把好酒卖出去。

酒商，是连接耕作土地的酒农
与葡萄酒消费者的桥梁……

这与我一直
坚持和宣扬的观点
是对立的，我认为应该
缩短流通渠道。

*墨贡地区，维列墨贡镇。

我总是说，要避免中间人。
遗憾的是，大多数情况下，
那些真正的生产者总是比中间
人挣得少很多。而到终端时，
价格往往让消费者难以接受。

也要看情况，
如果在合理的
范围内……

除非，
这位酒商朋友
为了生意而
不顾质量。

重点是要保持小规模，不要被钱所左右，知道什么时候该说不，
就像你退出了"厨艺大师"节目一样。

马塞尔·拉皮尔。

马蒂厄，马塞尔和玛丽·拉皮尔的儿子，他在2005年加入酒庄，现在和他的妹妹卡米耶一起，继承父亲马塞尔的产业。

二氧化碳浸渍法，和勃艮第的浸渍法完全不一样。在勃艮第，你要手脚并用地压踩葡萄，才能提取出黑皮诺的精华物质。如果你用同样的方法来对待佳美，酒会变得太粗犷。

一、采摘葡萄，去掉所有坏了的部分。
二、把整串葡萄放进酒桶中，每个酒桶装4到5吨葡萄。

三、借助葡萄自身的重量和重力的作用，葡萄汁会慢慢地汇集在桶底，并开始自发地发酵，不需要添加酵母，同时释放出二氧化碳，24到48个小时后，桶里就没有氧气了。

四、在气体作用下，葡萄汁会溢出来。浸渍之后，汁液能在桶中继续放大概5周。但是，要非常小心，不能让它变成醋。我们尝试让它在桶中待更长时间。这就看你有没有胆量，直觉准不准，并且有没有这个能力。

五、我们把葡萄果实放进这个压榨器（它是和这些酒桶一起建造的，在大革命之前），榨出来的汁液，我们称之为"天堂"。

六、汁液已经有酒的醇香，这时，真正的发酵开始了，糖被转化成酒精。

如果做得好的话，葡萄串还是完整的。

当你来酒窖把酒汁从酿酒桶里放出的时候，最新年份的酒已经出炉了。这款酒6个月到1年后的所有香气，都已经显现出来。

你跟马塞尔有很多共同点，你们是双胞胎兄弟。

确实，跟你一样，他有时容易发怒。

易怒但是不烦人。

要么，是有些事让他懊恼……有些人让他觉得烦。

而易怒意味着，火气来得快，去得也快！

让-克里斯托夫·皮盖-布瓦松

让-克里斯托夫·皮盖-布瓦松自称酒水批发商、酿酒师、品鉴家、经纪人。从20世纪80年代开始，他就是马塞尔的伙伴和同路人。20年以来，他始终致力于让大家了解并承认天然葡萄酒。

刚对你发过火，5分钟之后就对你说，走，我们去喝一杯！

他病中的最后时刻，我过来询问：马塞尔怎么样？

我说：唉，不好，他要死了……

他喜欢什么？我们问你。

鱼子酱和土豆。你回答我们。

我们都是来做饭的！

菲利普·达马斯

蒂埃里·福谢

蒂埃里·布雷东

马塞尔那时躺在床上，他让我们去葡萄园里逛逛……半个小时之后，他坐在外头，穿得像个王子，戴着礼帽，拿着雪茄……

玛丽·拉皮尔

她的女儿，卡米耶和安妮

每个人都做了一到两个菜……

那是他最后一顿饭，临走前的饭……

马塞尔在2010年去世，我们2011年又回到了橡树酒庄。

这是很高的敬意……

这更像是生活里的一个仪式，生命中分享的重要时刻需要被记住。

我运气很好，在我的职业生涯中能遇到像马塞尔这样的人。

马塞尔是我们的葡萄酒文化启蒙老师，为我们启蒙的还有迪泰伊侯爵（邦多勒的圣安妮酒庄）、康美侬、达尔与里博（罗讷河谷）、皮埃尔·欧维诺（汝拉）……

这些手工业者理解我所感受到的。因为我们用同样的方式工作，与工具的关系、追求恰到好处、动作的精准、自然的规律。

刀，拿在你手上，你感受它，陪伴它。无论工具、精神，还是手，都不应该觉得痛苦。

手由大脑控制。我的手，就是我的智慧……

话语很美。我们可以是接受过良好教育的人，有文化、有技能、有知识。

不管你是泥水匠、木匠，还是葡萄酒农，你都可以说话、可以解释，但如果没有动作，话语就没有意义！

与工具互相渗透，这是一个关于感觉和传递的问题。

小洋葱头，如果你切的时候把它压碎，它会失去很多汁水，也就损失了的风味。可是，如果你按照正确的方向、有规律地切，配上一把好刀，你的菜板是干的，而且，你会留住所有的风味。

就跟肉一样，如果不按纹路切，破坏了肉的质感，肉汁就会流失掉，肉会很干。如果你按照它的纹路切，就可以保留它的质感和汁液。

对葡萄来说也是一样的，剪枝的好坏将改变一切……

这是对物质的感知力。你成为厨师或者葡萄酒农，并非偶然。

你可以自学成才，但是在一段时间之内，你必须知道什么是鸽子、什么是牛小腿、什么是葡萄的根部，然后才能去更好地工作。

所有这些，需要学习，需要传授。

我完成我的部分：意式松露烩饭！

我超级喜欢松露的香气！我不明白，为什么就没人用松露做一款女士香水？

我一定会马上就买！

你们一定都会想吃掉我！哈哈哈！

我们是生活的吃货！

我提议为马塞尔举杯，他一直在我们身边……

尤其是今天，圣马塞尔日！

我希望他和我们一起举杯！

请大家安静片刻！

不，他不喜欢安静！

敬马塞尔！敬马塞尔！敬马塞尔！

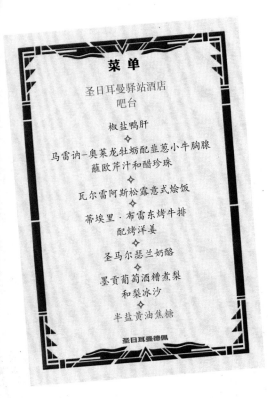

菲利普·达马斯的椒盐鸭肝瓦罐菜

准备时间：15分钟
烹饪时间：30分钟

食材（4人份）

★500克鸭肝　★6克细盐
★2克白胡椒粉　★2克细砂糖
★40毫升甜白葡萄酒

准备工作

1. 将鸭肝放入冷水中浸泡30分钟。

2. 沥干鸭肝水分，擦干水迹。小心地剪开鸭肝底部，去掉内部的神经。用盐、胡椒、糖和白葡萄酒调味。

3. 在冰箱中腌制12个小时（我们可以在头天晚上进行这个准备工作）。将鸭肝放入一个瓦罐中，用盖子盖住或者是用铝箔纸包起来，放入双层隔水蒸锅，将蒸锅放在100℃的烤箱中烤30分钟。

4. 从烤箱中取出，让瓦罐在蒸锅中自然放凉。放入冰箱中保存一晚后再食用。

蒂埃里·福谢的马雷讷-奥莱龙牡蛎，醋渍韭葱，香煎小牛胸腺，欧芹汁

准备时间：20分钟
烹饪时间：5分钟

食材（4人份）

★16个马雷讷-奥莱龙3号牡蛎　★半把韭葱
★一块小牛胸腺　★一把板叶欧芹
★橄榄油　★一汤匙醋珍珠

准备工作

1. 将韭葱洗净、切碎后用盐水煮开。放凉并用几滴橄榄油调味，放在一旁待用。

2. 将小牛胸腺切成3到4毫米厚的薄片，在平底锅中用黄油将一面煎至金黄，调味，放在一旁待用。

3. 在盐水中煮开欧芹，放凉后沥干，加入两汤匙橄榄油和100毫升水，搅拌均匀后，放在一旁待用。

4. 将牡蛎打开，把肉从壳中取出，放在一旁待用。

5. 菜上桌之前，在每一个牡蛎上放上一片小牛胸腺，一点菜汁，两到三颗醋珍珠，最后撒一点磨制胡椒粉调味。

伊夫·康德伯德的瓦尔雷阿斯松露意式烩饭

准备时间：15 分钟
烹饪时间：20 分钟

食材（4人份）

★300克卡纳诺利米　★3个小洋葱头
★100 克瓦尔雷阿斯黑松露　★150克牛骨髓
★1升鸡汤　★100 克黄油
★盐和埃斯珀莱特辣椒，橄榄油

准备工作

1.把小洋葱头切碎，放入平底锅中，加一点橄榄油，与牛骨髓一起煸炒。

2.然后加入卡纳诺利米，等米变得有光泽后，慢慢加入鸡汤，不停地搅拌，煮到合适的熟成（大约18分钟）。快出锅前，加入黄油使之变得黏稠，调味。

3.将烩饭装在一个凹陷的盘子里，撒上松露碎末，上桌。

蒂埃里·布雷东认为的好烤肉

一块烤肉，在烹饪后需要静置，大约它烹饪时间的一半时长。比方说，如果我们将它烤了20分钟，就至少要放置10分钟。

也就是说，放的时间越久越好。这需要非常娴熟的烹饪技巧。需要将烤肉放置在常温下……

这样，肉的中心不会凉。吃的时候再稍微加热一下。在开始烤的时候，血水会集中流向肉的中心。

所以，我们需要让血水散开，使得肉质松软。一块两三分熟的牛排，好吃在于它煎到焦香的表皮……

在放置它时，几乎每5分钟就要转个方向，为了不让血水流出来……

说到底，还是得喜欢，就这么简单，得用心。就像在人生中，我们不会保持一个姿势不变，时不时地要翻个身。

建议配酒：马塞尔·拉皮尔，MMVII大瓶装干红，2007年份，墨贡法定产区。

驿站吧台的厨房

厨房从不休息，从中午到晚上，一周7天。因为地方不大，所以需要好好计划安排……

朱利安

这是一个关于管理、严谨和纪律的问题。

我对我的团队完全放心，52个员工，14种国籍。

我们像一家人。这不仅指我的亲侄子朱利安，他在很多有名的餐厅历练过，还包括其他人如麻佐，日本人，或库马尔，斯里兰卡人。

麻佐

库马尔

这种厨房里的混搭，传达了一种对世界开放的态度……每个人有自己的产品和自己的工作方式。

法餐强大的地方在于，我们一直在改进，通过吸收全世界不同的厨艺、产品和风味。

以前是番茄土豆，今天是柠檬草和姜、酱油、香橙或者箭叶橙。

我最骄傲的是，我的厨师们出去建立自己的事业。

达维德·迪卡苏，卡佩托，贝阿恩的莫尔拉讷。

大志之家，红孩儿们，巴黎。

西尔万·达涅雷，乌尔辛那，巴黎。

斯特凡纳·热戈，朋友让，巴黎。

我跟随康斯坦先生在克里雍大酒学厨。之后他鼓励我自己展翅高飞。我试着把这种做法传承下去……

72

在巴黎，我们很幸运有翰吉斯市场。那里什么都能买到，而且是最好的产品……

但是，我也喜欢跟不同地域的手工业者直接合作。

这也包括餐厅周边的杂货店……

你好，崔姬，你收到法妮·费朗的卡佩图奶酪了吗？

晚餐，我们会推荐一盘奶酪，源自我比利牛斯山的生产商，他们散布在从昂代到科利乌尔一带。然后，崔姬会精炼他们的奶酪……

我跟我的供货商保持了20到25年的关系，这很重要，我们慢慢建立起联结，一种友谊。

我的父亲是农民，他总跟我说要给离家最近的磨坊加水……

这样，它才能转起来，大家才会开心。听起来很简单，却很在理。

* 吧台。

每个礼拜，我会从贝阿恩和西南部收到超过200公斤的货物。我们将不同大区的生产者重新集结起来。

雅基

玉米面包，来自奥洛龙的一个面包房，我兄弟菲利普提供猪肉制品，包括血肠、肉肠，也有小牛肉，我都让直接送到餐厅。

鲜肉类的话，如果我不从法定产区订购，就会从雨果·德努瓦耶那里买，比如牛羊肉。

触碰鲜肉

我从马耶讷省的拉瓦勒来，我不喜欢上学。

*雨果·德努瓦耶的肉店。

我到处打零工。到肉店的第一天，当我触碰到肉时，那气味、手感，让我很愉悦……

感受物质，用双手劳作的乐趣。

没准如果我去了一家木匠店，今天就是一名木匠了。

从那时起，你就意识到这是一份真正的职业！

我的启蒙老板们在一年后就跟我说，你呀，铁定不会待在马耶讷……

可是当我到巴黎时，谁都不认识。当时我18岁，睡在肉店的厨房里，没有淋浴间。

那天夜里，打电话给母亲时，我哭了。我不想再继续了。我也是，都是陈年往事，当时可真是难受！

我从零开始。

慢慢地，我和妻子克丽丝开了第一家小店。最开始还是很艰难的……到现在已经有16年，我们都46岁了，我每年都会雇一个人……

但我们店一直都是手工制作，我自己总在砧板上切肉，这才是真实的！

你是怎样建立起肉的供应网的？

我们自己寻找。我们去见养殖者，生产者。一年跑6万公里的路，还得每周开门6天！

我们开着小破车去阿韦龙省见养殖者。一天往返……

那时都累坏了！

然后突然，一位有名的大厨信任了我。我很快在整个烹饪界出名了。人们开始给我打电话，一个、两个、三个，我服务的客人越来越多。

我听过的最美好的一件事，就是皮埃尔·加涅尔告诉我："自从我从你那儿进肉以来，对肉的质量就再也没有操心过。"

想想一位著名大厨对你这样说！

你喜欢你做的事，后面的事就顺理成章了。

我们对自己严格要求，对别人也会这样。逻辑上没毛病。

在所有的领域，我们都是一样的。我们的生活，有一种意义。它背后还有某种东西……

我非常钦佩做得好的工作。我觉得那样的工作很美。

手工制造，是所有小细节的积累，是一种逻辑。切羊排的人是美的，这是刀的劳作。

我也这么觉得。还有，当你手上有一把好刀，你会想知道它是被谁怎样制成的。

我感兴趣的是整个产业链。

伊夫·夏尔，柏士浮刀具，
多姆山省梯也尔镇。

我口袋里总有一把刀……

我们家是康塔尔省的
农民……

刀的灵魂

我初领圣体时，我的教父送我一把刀。
对我们这些农民来说，这是很重要的仪式和象征，
是青年向成人过渡的标志……

我之前在一间酒店管理学校学的厨艺。
15岁时，我就和很多米其林星级厨师
一起工作，其中有侯布匈。1986年，
我在乌耶开了自己的第一间餐厅：酷丁馆，
开了9年。之后，我闲逛了两年。

1998年，我在巴黎14区
开了一间餐厅，很幸运地
拿到了米其林一星。

*《法国米其林指南》。

2004年的某一天，斯特凡纳·马热尼，佩拉
酒庄（多姆山省）的酒农，突然来到我的餐
厅，带着他的新酒，名叫9.47°，没错。
这是写在酒标
上的那批窖藏
的名字……

我们吃饭时，
打算用一把餐刀切
鸭胸肉，肉在刀片下
滚来滚去……

刀根本切
不断……

大家都从口袋里掏出了
自己的刀。我想，
为什么不能把餐刀
做得一样锋利呢？

故事就这么
开始了……

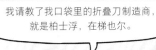

我请教了我口袋里的折叠刀制造商，就是柏士浮，在梯也尔。

一开始，我只想给自己餐厅定做60把餐刀，但是，出于规模经济的需要，为此得一次生产3000把。

我被泼了一盆冷水，那时没人愿意跟我合作投资。

于是，我把柏士浮买下来，当时作坊只雇用了一个很称职的员工，我雇用了第二个、第三个以及后面的其他人。

这就是著名的9.47的由来，好钢，好硬度，好刀刃。

我给那些餐饮界朋友介绍这一款刀，大获成功。

之后，我们继续制造折叠刀、餐刀，现在又有了厨房用刀。

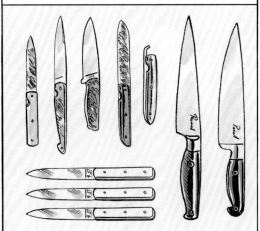

2008年，我已经没法兼顾餐厅和制刀工坊。

要么卖掉餐厅，要么卖掉制刀工坊，我做出了选择……

我就在梯也尔扎根了。起步时，我先建立公司，组织生产和销售……

今天，我们一共有18个人，每年制造2万把刀……

为什么在梯也尔生产刀？这里过去有铁吗？

没有，
但是这里有迪罗勒河……

制刀工坊利用河水的动力来推动水车，
使机器运转起来……

制刀的产业真正开始于17、18世纪……

以前，有名的大制刀工坊，位于巴黎的凡尔赛，
然后是朗格尔，因为那里出了贝利涅，皇家制刀师。

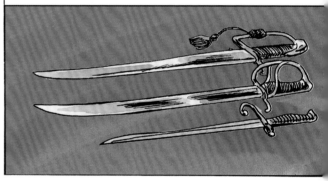

1914年前，这里也制造过军刀和刺刀。
之后，很多工坊转向了生产厨房用刀。

ECONOME®，土豆削皮刀的制造商，以前就是做军刀的，
这种削皮刀是梯也尔人的发明。

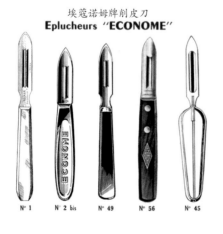

埃蔻诺姆牌削皮刀
Eplucheurs "ECONOME"

N° 1   N° 2 bis   N° 49   N° 56   N° 45

在梯也尔，
到处都是制刀工坊。

目前，在梯也尔，
制刀业的状况如何？

中低档产品面临着来自中国的竞争……

很多制刀商转向大批发渠道，为了卖得更多。

但是，走大批发渠道，售价会一年不如一年。

如果你依赖批发商，你的手脚就都被束缚住了。

我曾经收到过从中国进口餐叉的报价，才0.23欧，但如果我们自己生产叉子，原材料的成本就超过0.23欧了……

我们不在同一个世界！

我觉得，这里面有法国的制作工艺……

厨师、菜农、养殖者、酒农……最根本的还是质量！

还有那些开心工作的人。

*柏士浮。

不能再认为，手工业者都是些抑郁得不行、养不起自己孩子的人！

制刀有四大步骤……

按照顺序是：锻造和切割，淬火，开刃，最后一道工序是在工坊里组装刀柄、抛光、矫正和磨尖刀刃。

锻造……

我们用奥柏杜瓦的钢，他们家产高档的钢，用于外科手术、航空（空客A380飞机起落架）、潜水和航天等领域……

一条钢棍，通过电磁感应加热变红后，用两把钳子从钢棍两头向中间挤压，就会在中间形成一个球……

这个金属台用来打出刀子的雏形。

最初的温度和敲击动作要非常精准……

在敲打时，每敲一下都会加热金属。温度不能高于1200℃，不然你会损坏金属……

紧接着，这块钢会被放在一个子母模具中切割成形，就像用冲头冲压一样……

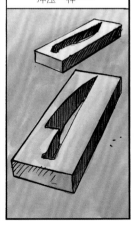

这种合金很纯，我们在氮气中冲压它，可以获得非常薄且稳定的结构（我们有世界上最精细的粒度仪）。

就像工业化养殖的鸡与布雷斯鸡的区别一样……

而且，还是一只吃草的布雷斯获奖鸡！

淬火。

淬火，是对钢块的热处理……

按照传统，我们可以在空气里、油里和水里处理。

这就是切割完准备淬火的刀……

刀身被放入烤炉中加热到1000至1100℃。

原则是在无氧的环境中加热和冷却这些刀片。最重要的环节，是要快速冷却……

那是。

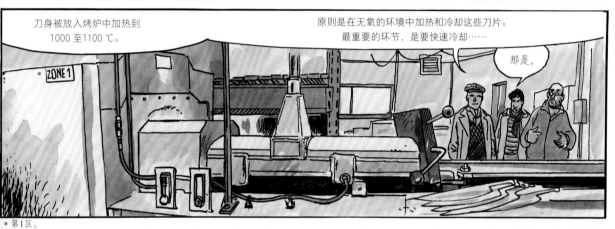

* 第1区。

我们要以最快的速度来冷却钢片，这样才能保留住它在1100℃时获得的分子结构。

技术活儿。

之后，我们再把刀放入回火炉中，温度维持在180到250℃。

淬火是为了获得硬度，回火可以加强刀的韧性和弹性。

对于厨房用刀，我们会加上一个极低温硬化：把刀放入零下90℃的环境中，再迅速提升温度至常温。

这就是我们说的冷冻淬火，通过使用液态氮……

钢越好，越需要一个高级的淬火处理。

这很需要技术啊！

开刃。

刀片淬火了以后，就要进行开刃……

我们使用砂轮磨削，刀刃是被磨尖的。磨刀这个动作，必须由刀剪匠完成。

以前，所有的工序都是手工完成，后来我父亲在20世纪20年代引进了第一批设备，现在我们用的新机器都由计算机控制……

这些就是我儿子来操作了。

我们拿起刀子，磨第一下，然后是第二下，这样会磨掉一些金属……

这液体是纯净水，用来冷却砂轮。

磨刀人只是粗糙地磨一下，之后由这些机器来进行抛光。

双向轮：两个轮子朝相反的方向转，以便抛光刀刃。每隔4到5把刀，我们就要使用这个抛光剂修正一下，以便获得准确的精度。

抛光剂是我们发明的，由蜡、油脂和刚玉组成，刚玉是一种很坚硬的金属，用来生产金刚砂的……这样我们的刀可以做得很锋利，切东西轻而易举。

从前，制刀工坊都建在河边，磨刀人作业的时候平趴在
石质磨轮上面，磨轮的直径可达2.5米，厚25厘米。

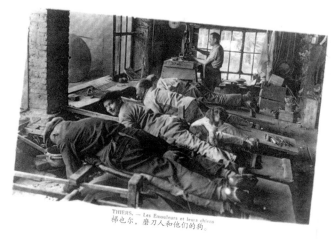

THIERS. — Les Emouleurs et leurs chiens
梯也尔，磨刀人和他们的狗。

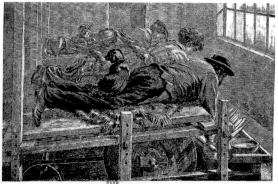

Thiers. ATELIER D'AIGUISAGE.
梯也尔，磨尖工坊。

他们的腿上或背上会坐一条狗用来取暖。
有时磨轮开裂，然后会爆炸……

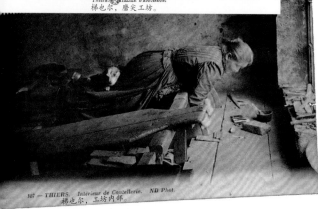

107 — THIERS. Intérieur de Coutellerie. ND Phot.
梯也尔，工坊内部。

在上面的人通常会被
切成两半！

啊啊啊啊啊呀！！
刀子万岁！

所有参与生产的人都是密切相关的。
大家互相支持，任何人的失败都会导致
其他人的努力付之东流！

那些锻造的人，如果他们将温度升得过高，
钢会变质，就没用了……

即便你有质量最好的钢，如果
淬火失败，那一切都毁了。

磨刀人如果磨得太快，
就会把钢烧焦。

现在，生产链的每一个环节都做得很认真，
不能有任何一个薄弱环节。

一旦刀体做好，刀剪匠就会开始给刀安装手柄……

精制或粗制的刀柄，有各式木头心儿的、羊角的，还有镶嵌宝石的……

我们也做限量版系列，用陨星做的，独一无二！生成这种镍和铁所需要的温度和压强是地球上的技术无法实现的……

这一块来自秘鲁，1938年被发现，非常罕见。

乌龟的玳瑁非常昂贵，我们会在刀片和刀柄之间装一层金箔，让它看起来有更美的光泽。

我们也有疣猪獠牙和猛犸象牙做的刀柄。在奥弗涅这里，人们还有养殖这些动物！

不会吧？！啊啊啊啊！

弗朗索瓦丝负责清洗和检查刀，她一辈子都做这个，35年的经验。我聘用她两年了。

她是公司里唯一一个可以碰磨好的刀的人。磨尖是我们制刀的最后一步。

如果刀重新回到工坊，我们必须将其钝化。

否则，就可能发生很危险的事故。

这里的人严格按照程序制刀、组装、抛光……因为他们要制作很多不同种类的刀，所以程序还是很多样化的。

这里有一种真正的文化，今天的团队并不是偶然产生的，他们都非常有动力！

当有人回到家，跟妻子说，我今天给康德伯德或杜卡斯做了刀，这让他备感骄傲。

当他们在做香港或日本的订单时，他们觉得很开心，因为刀的质量受到世界认可。但这里是奥弗涅，离首都远着呢……

托马是工坊主管。每天早上，他会告诉他们订单来自哪里。他做了大量的工作！如果工人们做得好，他会称赞他们，如果做得不行，他会责令他们修改……

我的第一把乌龟玳瑁刀，客人到这儿来取的，还让我跟他合影。

当你用最原始的材料，最终做成一把可以卖到3000欧的刀时，你会觉得很满足。

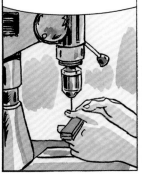

更有趣的是，当刀回到工坊，需要再次磨尖或是售后服务时，你能够从中认出是谁做的，因为每一个刀剪匠都有他们在刀上的签名方式。

纪尧姆　罗兰　西里尔

手工制造总是有用的，能让每天的生活变得便捷就是令人愉快的，你让别人开心，也让自己开心……绝不要忘记，一个知识分子不过是一个残废的体力劳动者。

手工业，是对完美呈现作品的一种高要求，是人力附加的价值。

每一个职业都有他们的用处。因自己做了某样富有生命力的东西而感到骄傲……感到对自己所做的事情负有责任。

他们全身心地投入，做出更好的产品，签上自己的名字，就像葡萄酒农在酒瓶上放上自己的名字一样！

*布鲁瓦火车站。

弗雷德是巴黎一间酒窖的老板，酒窖名为甘卡福，位于蒙帕纳斯。
他组织大家从布鲁瓦出发、沿着卢瓦尔河钓白斑狗鱼。

我说，这是什么玩意儿？

这是我们的吉祥物。那天在吧台，
有人跟我说，康德伯德先生，
这个包裹是给您的……

然后，我就看见了这个，在包它的纸上写着：为了让你开始更好地了解卢瓦尔河的鱼。落款处写着埃米琳和塞巴斯蒂安。

从此以后，它就没离开过我，
它是我的哄睡宝贝。

塞巴斯蒂安和埃米琳啊，
明天我们会在索米尔附近见到他们。
但是，现在我们先去钓鱼。

要钓白斑狗鱼，
我们得试着用活鱼做饵，也就是说，
今天我们要钓用来做诱饵的鱼。

最好是能钓到鲜活的红眼鱼。我准备了小聚光灯，
在货车上有所有的工具……

但首先，
维勒玛德一家正等我们
去吃便餐……

卢瓦尔河的白斑狗鱼

*在这句法语中，"杯"和"拳"是同一个单词（coup）。

你知道吗？用两年的时间来酿酒，这让我很开心……试着理解这其中的精妙，这一系列复杂的变化……

真是挺神奇的。

是啊，可这需要全情的投入。

试着明白为什么你们在寒冬腊月剪枝，试着去分析这些……

你看我，在我的每一块葡萄园里我都很激动，翻土，看看地里长出了什么……

为了种出最好的葡萄去寻找土地、葡萄品种和气候的最佳搭配……

了解变化和生命。

这其中的奥妙让我兴奋。

要是我的话，会每天都去品尝葡萄，才可以知道它们的变化过程。

不用每天，每周3次就可以。

你最欣慰的时刻，就是你的葡萄都长得非常茁壮，土地充满活力，结出丰硕的果实……

你采收你的葡萄，这真是太棒了，你将它们放入酒桶中，然后酿造就开始了，这很让人激动。

这，说真的，你能理解的……

葡萄酒里75%是葡萄，如果你有好的葡萄，你就完成了3/4的工作。之后，会有些酿酒很厉害的人……而我，最得心应手的、最擅长的地方，在于把葡萄种好。

当你对这方面敏感时，你是能感知到的。

不同的人有不同的敏感点。

但是，伟大的酒农，他们两样都有：对葡萄敏感，对酿酒敏感……

但是，当你在自然中劳作时，没什么可纠结的，你就是要有好的葡萄。

这点我在烹饪中也能感觉到，当你在有压力或是心情不好时准备一些东西，你的食材反应也不一样。

你以为你的压力不会传递到你的食材上去？有些不顺的时候，你很清楚永远都不可能做好了，所有的事情都不顺利。即便是一样的产品，一样的动作，压力还是会传递到食材上……

你在做事时的状态，会影响你用不同的态度来对待食材。

我们有一个伙计，在葡萄采收的季节，负责酒窖管理，他就像禅师一样……

好嘛，他在时，一切都进行得无比顺利。

他有一句座右铭：留住平静，享受新鲜。

到酒农蒂埃里·普泽拉家转转……

怎么样，你们钓到了什么？

没什么，去得有点晚。我们没有好的鱼饵，也没有好的钓竿。

一开始，我和弗朗索瓦·迪泰伊一起在邦多勒的圣安娜酒庄工作。还和马塞尔·拉皮尔一起在墨贡酿过酒，他在酿制过程中不加任何人工添加剂。

从那时起，天然酒的理念就在我脑海里根深蒂固了。1994 年，我找到兄弟让-马里，和他一起经营家族酒庄：杜博夫酒庄。

埃尔韦和蒂埃里，都是这个领域少数几个对土壤负责、尊重土地的人，正好，伊夫想放在酒单上的，正是这样的酒农酿造的酒……

这样酿出的酒，有灵气，好消化，有鲜明的个性。

我们并不期望取悦所有人，但是，它们的爱好者全世界都有，无论是在美国还是在日本。

而且，还刮大风了。

并且，选的地方可能也不对。

是啊，我们很了解那个地方，在那里钓到的土比鱼多。

不过，明天我们要用人造鱼饵来钓。

到时候白斑狗鱼们可要挺住啊！

康德-圣马丹，卢瓦尔河更下游的位置，靠近索米尔边界，
我们和塞巴斯蒂安·博比内一起钓白斑狗鱼，塞巴斯蒂安是安茹的酒农，
他的葡萄园位于索米尔-尚皮尼法定产区。

再过去200米，就是安德尔-卢瓦尔省，
更远一点是曼恩-卢瓦尔省，
都是我们的地盘，两个省，两个大区，
是卢瓦尔河的中央和地方。

贡多拉船——夫 ♪♬

在卢瓦尔河和维埃纳河的交汇处，我们跟达米安·列尔贝德
在一起，他是安德尔-卢瓦尔省康德-圣马丹的"安放葡萄酒"
酒窖老板。

上船之前，先喝一小杯，万一船沉了呢……

我们先来装鱼线。

现在，人造鱼饵已经准备好了……否则，就需要活鱼饵，比如蚯蚓、小鱼，或者其他的……

好了吗？你们分开坐可以吗？要平均分配重量。

你确定你的小破船会浮起来吗？

我可不想像这样了结自己。

我们要去维埃纳河，在卢瓦尔河上，风太大了。

没准儿会有鱼上钩，今天，肯定会的。

你们有感觉到恐惧向我们袭来吗？

在被人遗忘的海滩上 ♪♪

真的，我们都还没唱歌呢。

是啊，今晚我们要唱歌，而且蓬蓬也会在。

蓬蓬，世界冠军！

为了博若莱，我敬佩他！两天半没有睡觉，到第三天晚上11点时，他跟我说：弗雷德，人生有些时候，还是需要去睡觉的……

好啦，现在，大家就别出声了。

真遗憾有这么多的水，不然我们就舒服多了。

钓了两次同样的鱼，还是在
两条不同的河里！

朋友们，夏天再来吧。

还好，我有预料到
这种情况……

哇哦！
这是你钓的吗？

我也不骗你们了，这鲈鱼是从我的鱼贩
那儿买来的，每条都是3.5公斤。

当我知道我们要去钓白斑狗鱼时，就把它们买了下来，
以防万一……

我们先去酒窖里转一圈
（顺便做个品鉴）。

刚刚好，
这鱼钓的，
我都渴了。

95

这个酒窖有160米长，它的优势在于温度：不管外面是40℃还是零下20℃，这里全年都是11.5℃。

南方人都嫉妒我们，他们也很渴望有同样的酒窖……

即便是在巴黎，我也很想有一个像这样的酒窖。

所有酒汁都用橡木桶酿造，4个月、6个月或是24个月，根据不同批次的需要。

这些地窖是以前石灰华采石场遗留的地道。酒窖下面有一层地下水。

地下水从几个地方渗透出来，整个酒窖里分布着好几处喷泉。我们用这些地下水来清洗橡木桶，每天能收集到4000升水。

那水是干净的吗？

我们送去检验过，从微生物学的角度来说，它是干净的。

这里所有的酿酒程序都不使用任何添加剂，没有酵母，没有化学产品，什么都不加。

只有纯粹的葡萄汁！

干红，品丽珠葡萄，一种特别的酿法。这一款取名叫克莱塔·卡博，经过二氧化碳浸渍且陈年的品丽珠红葡萄酒……

好了，现在我们来尝尝吧。

酒需要氧气，但是，因为我们的酒不添加硫之类的抗氧化剂，所以我们需要特别注意氧化的问题。

原理在于，葡萄酒需要氧气来抑制还原反应，但又不能过度氧化，不然很多香气就会消失，两者之间的界限非常微小。

真是精细活儿……

我和埃米琳一起把葡萄装进酒窖时，就得知道我们的方向是什么，不可能一下就非常准确地知道，但是我们有一个想法……

而且，我们在做一件我们喜欢的事情，也是我们一直在探寻的事情。

就跟我一样，我不可能将一盘菜放到烤箱里，却不知道我要烤多长时间。

是的，但是在你的职业里，食材是由你来选择的。

可是我们呢，我们只能使用大自然赠予我们的东西。

在塞巴斯蒂安和埃米琳的厨房里。

在巴黎，人们从未像现在这样不愁吃过，但是，口味已经变了。

贝尔纳·蓬托尼耶，又名"蓬蓬"。

而我们这些厨师呢，做了一件很愚蠢的事，我们忘掉了根基。今天，几乎没有人做真正的烤牛肉和土豆泥，再也找不到了，真是一个悲剧。

同样，没有好的火腿黄油三明治，用好面包和好火腿……

就像以前的那些烟酒馆儿卖的，真正的小酒馆……

我超爱以前的小酒馆。但如今很多时候，你想去买一个三明治时，却发现非常难吃。

人们更喜欢去麦当劳。

麦当劳是不错，直到你知道他们在里面放了什么。

需要重新开发三明治。

我们这一代，有很多事都做得不好。大家谈论酒馆美食学之类的，却不提及酒馆美食并不便宜！

问题在于，大家不能都去伊夫那儿吃饭。

你还记得，你开张的前几个礼拜，人们在报纸上是怎么评论你的吗？

"一个对高级烹饪无所不知的人，让更多人可以品尝到这厨艺的成果……"，而且还不贵！

餐前点心、头盘、主菜、甜点，总共130法郎*，在那个时候……

真的不贵。

*约合20欧元，人民币155元。

98

你是第一个既拥有精湛厨艺又开了一间价钱亲民的小酒馆的厨师。

那你呢，你也和其他人一起拓宽了这条路。

但我们没有你对厨艺的认识和经验。

你这样做，会在行业里碰壁吗？

那个时候，我打电话给我知道的商铺，自我介绍说：是这样，我是从克里雍大酒店出来的厨师，在巴黎14区开了自己的餐馆……您可以给我发12瓶酒吗？我不需要更多，因为我不知道将来会发生什么，但是这12瓶，我肯定能付您钱……对方回答我说：你是谁？我们不认识你！

就是这样，我开始与天然葡萄酒农合作，他们有罗克修道院、康美侬酒庄、达尔与里博、马塞尔·拉皮尔。

但最初，是因为J.C.皮盖·布瓦松到我那儿吃饭，他跟我说：你真是精神不正常！你选的工业酒和你做的菜一点儿也不配！

非常棒！但还需要调味，盐、胡椒和一点橄榄油。

虽然看起来不美，但却是最好的吃法。

没错，受够那些在盘子里装模作样的菜了！就应该把鱼放在桌上，然后大家自己动手吧！

他们钓的鱼可真漂亮！

这是什么鱼？

卢瓦尔河的鲈鱼。

卢瓦尔河的鲈鱼，喝酒的艺术。*

* 法语的文字游戏，bar de Loire，l'art de boire，两句的元音发音相同、词首辅音是颠倒的。

我一直都很喜爱圣让德吕，每个暑假我都会在这儿露营。

港口的卖鱼铺

圣让德吕的锡布尔港口，卖鱼铺，早上5:30分，贝纳·芒迪布尔是水产贮运批发商。

我有我的采购员，他会早来两个小时，发现他感兴趣的货，他在这上面会花很长时间，但这很重要。

判断质量好坏。

我们知道哪些船比其他的船更会筛选，有些船家很专业，其他的则能力差一些，把好的与坏的混在一起。

没错，就像做餐厅的人，会买东西是一切的基础。

拉蒙托，锡布尔的饭店老板

我们有一个目录，他会勾选好他看上的批次，等到交易的时候，他就知道什么时机出手。

港口卖鱼铺早上6:00开市，也就是5分钟以后。那上面有一些屏幕，你会看到是怎么进行的。

100

基础价是谁定的？

是卖家。这里采用的是减价拍卖法。
我们用前一天晚上的价钱加上1欧。
之后，可能会涨，也可能会跌。

如果有两个人都想要，那价钱就会涨。

行情每天都变吗？

嗯，会的。今天，按照规律来说可能
会涨一点，因为西班牙那边休假了，
今天是圣周五。

刚好是吃鱼的
日子。

西班牙人会来的。

在屏幕上这样操作，
已经有多久了？

10年左右。

以前，港口卖鱼是用喊的，更好玩一些，
大家还会骂人。现在就比较温和了。
但是以前，大家什么都聊！

有一条船刚公布捕了700公斤鲭鱼。
这样，行情就可能发生改变。

现在圣让德吕还有
多少条渔船？

25到30条吧，20世纪90年代
还有80多条呢。

但自从80年代，密集的捕鱼把海底掏空后，
10年之间，人们都没再看到鱼，渔业也因此
受到了沉重的打击。

禁令产生了效力，有的
品种大量繁衍，经过五
六年的时间，现在海里
的鱼又丰富起来……

这其中就
有鲭鱼！

真是质
量上乘
的鱼！

正是季
节，但很
快就会
过去。

你们真能看出这跟钓上来的
鱼有什么不同吗？

也不是每次都能，
可能钓上来的鱼
肉质更紧一些，
而且……

他们先用声呐定位鱼群，把船停下，
然后撒网。接着，他们从底下抽线，
将网关起来，之后再拉网。
非常完美的捕鱼方式，
算是围捕吧。

＊阿塔拉亚·贝利亚号。

鱿鱼，做起来很麻烦，不是每次都能做好！

你将它和一个软木塞放到水里，等木塞煮透的时候就可以了。

小墨鱼将被送去西班牙。西班牙人什么都吃，什么都买，从最便宜到最贵的。

随便一个家庭主妇也什么都会做。

他们想得通，比我们聪明。这是什么？

花鳅。

花鳅?! 从来没听说过，这鱼怎么做？

跟无须鳕一个做法，也是一种白肉，但是便宜得多！

一条2.5公斤的无须鳕，值不少钱呢。

鱼本来就很贵。

猪肉、鸡肉，全年都是一个价。
但是，红鲻鱼、鲈鱼、海鲂、鳎鱼、江鳕、多宝鱼，这些都很贵！要不然，你就掉进养殖鱼的陷阱……

你们养吗？

金头鲷和鲈鱼供不应求，所以我们也喂养一点儿，为了满足全年的需要。

养殖鱼，在烹饪时就能看出差别。吃起来，肉质一点都不紧，口感很面。

沙丁鱼、小公鱼，还有鲭鱼，都是些好吃又不贵的鱼，只要你知道怎么做，就会非常可口！

一小份鲭鱼配覆盆子，加上烤至金黄的荞麦粒，超极好吃！不同于高级餐厅，我们的小酒馆就敢于尝试做这样的鱼。

水产贮运批发商把鱼卖给下一级批发商、鱼商、饭店经营者。他们重新筛检、分装入筐，然后发货……

对于养殖鱼和冷冻鱼，有规定必须贴标签吗？

有人提过，但是一直没有明确的规定。

那定额呢？有没有过度捕捞的情况？

每条渔船每天都受到监测，如果达到了定额，它会停止当季的作业，没有滥捕。

会有没卖出去的吗？

要看数量，如果是很大的产出，合作社就会把它们收回，并且冻起来。

哪一种鱼适合冷冻？

整条的鳕鱼，冻起来没问题，还有海螯虾和江鳕也行。

我们也做加工处理，饭店就直接订购鱼排。

还有一些像你这样的大厨，跟我订整条鱼，然后自己在厨房处理。

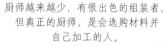

厨师越来越少，有很出色的组装者，但真正的厨师，是会选购材料并自己加工的人。

就是那个干活的人。

他们用一条鲭鱼弄出两份菜，而我能弄出三份，因为我一点都不浪费。

鱼肝，我留着，鱼头，我煮了，弄碎后做成鱼酱。鱼骨呢，每周用来炖两次汤。

之后，什么都不剩。杜绝浪费！

你培养学徒吗？

我们这儿在实践中学习。之前，在航海学校有一门培训课，后来被取消了。去那儿大多是学习成绩不好的人。

这个专业太不被看好。

手工劳动被低估，屠夫、厨师、鱼商，我们到处找，但是找不到。

但是今天，我们正在慢慢发展，已经好多了。因为这都是些很好的职业。当你看到一个陈列漂亮的鱼货柜，你会说，哦，好美！

还有对于服务的定义，即给消费者提建议的能力。

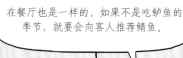

在餐厅也是一样的，如果不是吃鲈鱼的季节，就要会向客人推荐鲭鱼。

不管在哪个区域，当季的水果和蔬菜基本是一样的。但是，鱼会因为地域的不同而不一样。

草莓，如果6个月之内都没有，我们就不吃。但是，工业生产的介入，刺激了对它的需求。

我们把这条美丽的海鲂带回去，然后自己加工。

这是加利西亚的！不错吧？

给我拿一条！

菜单

圣日耳曼驿站酒店
吧台

椒盐烟熏江鳕鱼肝
配干草烧蒸小土豆

◇

荞麦粒覆盆子腌鲭鱼

◇

青柠奶油炸鳗鱼

◇

蒸海鲂佐蔬菜蒜泥汤
配罗勒花生

◇

比利牛斯羊奶酪佐樱桃果酱

◇

帕里耶牌巴斯克蛋糕
配杏仁牛奶冰激凌

◇

亚当牌马卡龙饼干

圣日耳曼德佩

Cette recette est née che
Ramuntxo à L'ARRANTZEAK
Au départ, un bistrot de
Pécheur devenu une vérit
institution dans tout le
Sud-Ouest, pour Son Poiss

这份菜单诞生于拉蒙托经营的阿朗扎雷
馆，这原本是一个渔民光顾的小酒馆，后
为他做的鱼成为西南地区一座真正的殿堂。

Ramuntxo Courdé.

拉蒙托·库尔代

ARRANTZALEAK
L'Auberge aux poissons

阿朗扎雷克
吃鱼的客栈

蒸海鲂
蔬菜蒜泥汤
罗勒花生

准备时间：20分钟
烹饪时间：5分钟

食材（4人份）

★4块海鲂排（200克）
★2个朝鲜蓟　★2个番茄
★50克豌豆　★50克四季豆
★50克荷兰豆　★一把罗勒
★半个甜菜　★半个胡萝卜
★100克花生　★青柠檬
★盐、胡椒、酱油
★160毫升橄榄油
★糖、醋、葡萄酒

准备工作

1.将番茄放入沸水中烫20秒，冷却后去皮，切成四块，去掉籽。
之后，用盐、胡椒和橄榄油调味，放在一旁待用。

2.制作泡菜。将甜菜和胡萝卜去皮洗净后切成小圆形薄片，越薄越好。
在锅中加300毫升水，一小勺糖、一小撮盐、一小撮埃斯珀莱特辣椒和两大汤匙葡萄酒醋，
煮开后倒在切好的蔬菜片上，搅拌均匀，放入冰箱中待用。

3.将剩下的蔬菜去皮洗净，在煮开的盐水中氽一下，
保留蔬菜的脆度（在用刀尖试探时，应感觉有一点阻力），
在冰水中冷却之后放在纱布上沥干水分。

4.用橄榄油、青柠檬汁、酱油做一个酸醋调味汁，加入切碎的罗勒叶和碾碎的花生。
调味后放在一旁待用。

5.等蒸锅里的水开后，将海鲂鱼块放入，蒸2分钟后，放入蔬菜（除了泡菜和番茄），
关火焖1分钟。取出蔬菜放入酸醋调味汁中，并加入泡菜和番茄。
将海鲂和蔬菜均匀地摆在盘中。

这道菜中的海鲂可以用鳕鱼来替代。

建议配酒：优湖莱庄园（夏尔·乌尔），玛丽窖藏干白，2012年份，朱朗松法定产区。

我们做直销，而且丰富了品种。之前，我父母只做2.5公斤的小块奶酪。

现在我有2.5公斤、5公斤、10公斤的，堆成了小山，我用朱朗松葡萄酒擦拭它们的表面。

克拉伯奶酪（克拉伯在南法方言中指"小山羊"），采用跟瑞布罗申奶酪同样的制作方法。我在萨瓦省接受过培训。现在，我又开发了亨利四世，一种熟奶酪，跟格鲁耶尔奶酪的做法一样。

跟牛奶的区别呢？

油脂的含量，山羊奶是所有奶中最清淡、最易消化的。

一只山羊每天产3.5升奶，而制作1公斤奶酪需要10升奶。这些大块奶酪用了100升奶。

想不到，做一块10公斤的奶酪，需要一只山羊一个月的奶啊！

我是在这儿出生的，但对我的父母来说，起步很艰难，在一个只有绵羊的地方养山羊，大家都把我们当作另类。

奥迪勒，母亲。

但是，看到我们来是为了工作，他们还是很热情。他们帮助我们，给我们牧场。

以前，这一片有谷仓和牲口，有绵羊。20世纪初，艾迪于这里有900个居民。

那个时候，他们夏季进山放牧绵羊。之后"一战"爆发，人口锐减。

我老公是北方人，我们想从事农业生产，但是我们没钱。这儿的朋友们跟我们说，过来发展吧！

我们放下一切来到这儿，一无所有，但是满心欢喜、无所畏惧，只有疯狂、爱情和激情。

怎么会想到在一个养绵羊的地区做山羊奶酪？

我们刚来的时候，这里只有45个居民，大家都走了，但是已经有一个养山羊的人。

我们那时什么都不懂！我们开始学习，组建一切。我们买了30只山羊，加入合作社，不这样的话，我们就拿不到银行贷款。

但几年后，我们难以为继，因为合作社给的收购价太低，所以我们脱离出来，心想靠自己也能把奶酪都卖掉。

30年来，我们证明了自己的能力。现在，一切顺利，他们看到我们运转起来。

然后，普洛厄尔梅的布列塔尼人也来到这儿。他们人很好，都是努力工作的人，很团结，也很投入。

他们还会用山羊奶做布列塔尼煎饼！

总有人喜欢耕耘土地，并且感到幸福。他们选了一条不同的路，不愿屈服于工业化生产。

拉波卡平原，位于戛纳附近。
让-夏尔·奥尔索是伊夫美食世界的一员。他们在1990年因为橄榄球而相识，他们从瑞家来小酒馆时期就一起合作了。

你在尼斯、土伦都打过比赛，而且还效力过埃雷罗兄弟时期的法国队。

我在巴黎学习农产食品加工时开始打橄榄球。我命中注定要回到这里，经营生产……

我父亲从意大利来，我母亲来自格拉斯区的奥皮奥小镇。1955年，他们和我叔叔一起买了这里的地。

12公顷左右，一半菜园，一半果园。

我们位于拉波卡。以前，锡亚涅河的港湾并没有入海口，就是一片沼泽。

这个地方叫阿巴迪*，就是修道院的意思。中世纪时，莱兰群岛的僧人们修整峡谷，建了一条小水渠，从佩戈马引水过来。

你用这个水来浇灌吗？

不用，因为这是雨水和其他一些脏水的汇流，有些时期还有这么厚的泡沫，不敢用。

那你怎么浇灌？

我们有一口井。

我们在僧人的地盘。因此，我们在夏天过僧侣的生活……

*阿巴迪（abadie）的拉丁词源是abbatia，意为修道院。

112

拉波卡的
有机种植

6公顷的蔬菜园都是经过有机认证的。

果园也在申请当中。有桃子、李子、杏……

我们用性别混淆的方法来治理寄生虫，在果园安装信息素扩散器，在温室里，则挂一些涂了胶水的捕虫板。

性别混淆？

这个办法的目的是让整个果园充满雌性信息素，使得雄性无法辨别出雌性。

以前，我们每15天做一次处理，从每年春天一直持续到10月底，用的是化学产品……

4年前，我们发现了一种新的寄生虫，番茄斑潜蝇，一种从南美通过摩洛哥和西班牙来的小飞蛾。它们用15天毁掉了两个大温室里的番茄。

7月10号*，我一个番茄都拿不出来！

那整个冬天，我都在思索和查资料。有一些关于这种小飞蛾的生物学研究，人们发现可以用一些捕食性天敌和信息素来捕获这种小飞蛾。

从那时起，我决定迈出这一步，实施有机种植……那有效吗？

*番茄上市的日子。

113

两年以前，我们做了改良，今年的效果更加坚定了我的选择。真是太惊人了。这种方法解决了所有其他问题，例如，蚜虫、介壳虫……

我有一些邻居用化学产品杀虫，但还是抵挡不住这些小飞蛾。

我的考虑，就是季节性，定位在你这样的大厨所处的餐饮圈。

我的明星产品是有机种植的夏南瓜花和番茄。

你也和本地的一些大超市直接合作吗？

对，但是卖给他们变得越来越复杂。如果我的产品不能与众不同，我都没法立足。

选择在产品上印"让-夏尔·奥尔索，有机生产者"，是为了提升辨识度和树立品牌形象。

今天，我赋予产品更多的价值，摆脱掉对超市的经济依赖，因为他们给生产者的价钱压得太低……

我的选择，是将有机种植进行到底。

10年前，
我们就停止了对温室供暖。

没有暖气，我们比别人要晚30天开始种番茄，
但是我们的质量更好。

基础的品种有：尖角番茄、圆形番茄、俄罗斯番茄、牛心番茄、
小串鸡尾酒番茄。然后，我们还扩展了品种：黄番茄、
菠萝番茄、玫瑰番茄和黑番茄。

夏南瓜是一种
生长茂盛的
植物。

我们不仅有信息素陷阱，
而且还放一些捕食性昆虫……

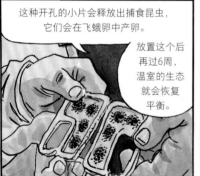

这种开孔的小片会释放出捕食昆虫，
它们会在飞蛾卵中产卵。

放置这个后
再过6周，
温室的生态
会会恢复
平衡。

对你来说，露天
环境和温室有什么
不同吗？

结的夏南瓜是一样的，但温室里的花开得更大，
更旺盛。

如果你不去采摘，
它们会长成大南瓜吗？

会的，但不是我们平常
吃的那一种。

这种的，我们不吃……

但是，我们可以用来练习
橄榄球。

圆形黄番茄

直茎番茄

生黄瓜番茄汁，酸模浓汤

准备时间：30分钟

食材（4人份）

★2个熟透的大番茄　★4个成熟的番茄

★半根黄瓜　★半把酸模　★10颗松子

★100克帕马森奶酪　★200毫升橄榄油　★50克芝麻菜

★盐之花、胡椒、橄榄油、埃斯珀莱特辣椒

准备工作

1.将两个熟透的大番茄切成小块儿，放入搅拌机中加20毫升水进行搅拌。

2.将番茄泥放入冰箱中用漏勺过滤，取番茄水。另4个番茄去皮，每个切成6块，放在旁边待用。
将黄瓜切成大方块（不去皮），跟番茄拌在一起，加入盐、胡椒和埃斯珀莱特辣椒调味，放入冰箱中待用。

3.在搅拌器中加入松子、50克帕马森奶酪和200毫升橄榄油，搅拌后，再加入酸模继续搅拌，
做成细腻的浓汤，放入冰箱中待用。

4.在4个凹陷的盘子中，放一汤匙酸模浓汤，盖上番茄黄瓜沙拉。

5.用削皮刀刮出帕马森奶酪碎屑，撒在盘子上。在每个盘子中放大约10片芝麻菜叶、
一小撮埃斯珀莱特辣椒和一点盐之花。最后淋一点番茄水。

炸裹面夏南瓜花

准备时间： 15分钟
烹饪时间： 5分钟

食材（4人份）
★36朵夏南瓜花
★1升专用炸油
★细盐
★胡椒粉

裹面原料

★200克面粉
★37克面包发酵粉
★330毫升黄啤
★一小撮细盐

准备工作

1.制作裹面，将面粉、酵母、黄啤和盐搅拌均匀，制成面糊，放置10分钟。

2.在炸锅中倒油，加热至160到170℃。

3.将夏南瓜花沾上裹面，以5个为一组放入炸锅中，炸至金黄酥脆，从炸锅中取出，放置在一张吸油纸上沥干，之后放入盘中。

4.加入盐和胡椒粉调味。放入一个饰有餐巾的小篮子中，配塔塔酱。

建议配酒： 圣安娜酒庄，桃红，2013年份，邦多勒法定产区。

近两年的时间，我们走遍我们的土地，遇见那些日常为吧台的厨房供应优质产品的生产者：菜农、渔夫、水产贮运批发商、养殖者、葡萄酒农、面包师傅、肉店老板、制作猪肉食品者、精炼奶酪者，所有饮食行业的匠人。

这些制造食材的人们的故事如此丰富，以至于需要两卷书的体量才能讲述完。

冬藏春耕卷之后，我们将进入第二卷：夏长秋收卷，继续我们的探索之旅，发现其他的土地、产品和其他居住在伊夫·康德伯德美食世界中的人物。

致 谢

本书作者特此感谢伊夫·康德伯德的所有生产者和朋友们，没有他们就不会有这本书。

康美侬的松露

鲁道夫·帕坎（Rodolphe Paquin），
蒂埃里·布雷东（Thierry Breton），
雅克·哈吉-拉扎罗（Jacques Hadji-Lazaro），
蒂埃里·福谢（Thierry Faucher），
托马·菲诺（Thomas Finot），
米谢勒·奥贝里-洛朗（Michèle Aubéry-Laurent），
马克西姆·洛朗（Maxime Laurent），
阿利克斯·洛朗（Alix Laurent），
奥利维耶（Olivier），
格勒诺布尔的巴拉特餐厅的阿涅丝（Agnès）
和德尔菲娜（Delphine），
弗朗索瓦·哈吉-拉扎罗（François Hadji-Lazaro），
莫妮卡（Monique）和她的母狗法妮（Fanny），
皮埃尔·欧福努瓦（Pierre Overnoy）

靠烹饪越狱

克里斯蒂安·帕特罗内（Christian Patrone），
帕特里克·马尔迪基安（Patrick Mardikian），
卢多维克（Ludovic），
法比安（Fabien），所有拘留人员和厨房团队

罗蒂丘，2400年的历史

吉勒·巴尔热（Gilles Barge），
艾丽斯·巴尔热（Alice Barge）

黄油菜式

雷雅纳（Réjane），
让-伊夫·博尔迪耶（Jean-Yves Bordier），
莫兰先生（Morin），养殖者，
博尔迪耶作坊的工人们

绍塞群岛的龙虾

塞巴斯蒂安·拉巴克（Sébastien Lapaque），
克里斯托夫·比泽尔（Christophe Bizeul）
和他的伙伴们，
马克·雷托雷（Marc Réthoré），
圣马洛的酒店老板，
纪尧姆·梯也巴（Guillaume Thiebart），
圣马洛的冷饮商，
吉勒·吉内梅（Gilles Guinemer），
圣马洛的鱼店老板

博若莱的记忆

玛丽·拉皮尔（Marie Lapierre），
马蒂厄·拉皮尔（Mathieu Lapierre），
卡米耶·拉皮尔（Camille Lapierre），
安妮·拉皮尔（Anne Lapierre），
克里斯托夫·巴克莱（Christophe Pacalet），
菲利普·达马斯（Philippe Damas），
蒂埃里·福谢（Thierry Faucher），
蒂埃里·布雷东（Thierry Breton），
让-克里斯托夫·皮盖-布瓦松
（Jean-Christophe Piquet-Boisson）

驿站吧台的厨房

朱利安（Julien），麻佐（Masa），
库马尔（Kumar），
达维德·迪卡苏（David Ducassou），
西尔万·达涅雷（Sylvain Danière），
大志之家（Daï Shinozuka），
斯特凡纳·热戈（Stéphane Jego），
崔姬（Twiggy），
雅基（Jacky），
以及圣日耳曼驿站吧台的团队

触碰鲜肉

克丽丝·德努瓦耶（Chris Desnoyer），
雨果·德努瓦耶（Hugo Desnoyer），
皮埃尔·加涅尔（Pierre Gagnaire）

刀的灵魂

伊夫·夏尔（Yves Charles），
托马（Thomas）
以及梯也尔制刀工坊的工人们

卢瓦尔河的白斑狗鱼

甘卡福酒窖的弗雷德（Fred），
埃尔韦·维勒玛德（Hervé Villemade），
伊莎贝拉·维勒玛德（Isabelle Villemade），
蒂埃里·普泽拉（Thierry Puzelat），
埃米琳（Emeline），
塞巴斯蒂安·博比内（Sébastien Bobinet），
达米安·列尔贝德（Damien Lherbette），
贝尔纳·蓬托尼耶（Bernard Pontonnier），即"蓬蓬"

港口的卖鱼铺

贝纳·芒迪布尔（Benat Mendiboure），
拉蒙托·库尔代（Ramuntxo Courdé），
乔治·皮龙（Georges Piron）

阿斯佩山谷的牧羊人

托马·旺达勒（Thomas Vandaele），
亚丝明（Yasmin），
奥迪勒·旺达勒（Odile Vandaele）

拉波卡的有机种植

让-夏尔·奥尔索（Jean-Charles Orso）

附录一：美食探索地图

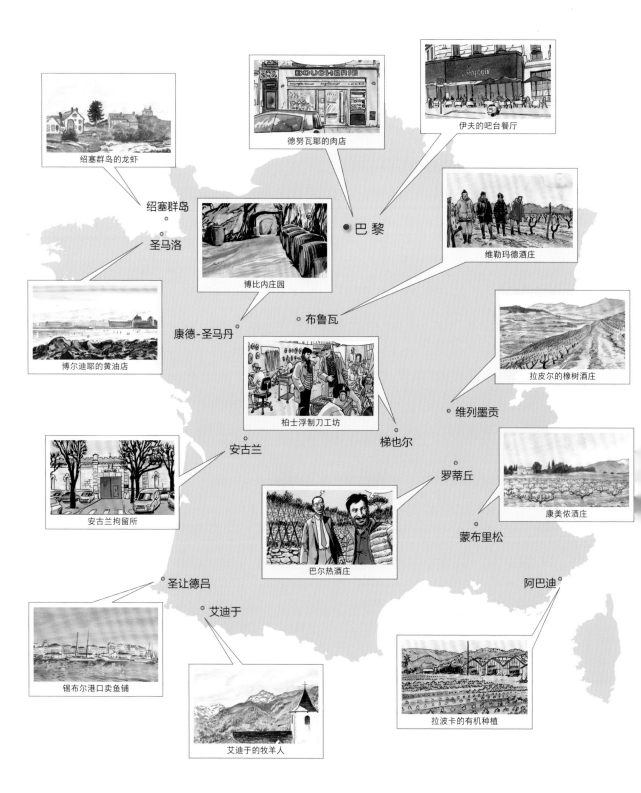

绍塞群岛的龙虾

德努瓦耶的肉店

伊夫的吧台餐厅

绍塞群岛

圣马洛

博比内庄园

巴 黎

维勒玛德酒庄

康德-圣马丹

布鲁瓦

博尔迪耶的黄油店

拉皮尔的橡树酒庄

柏士浮制刀工坊

维列墨贡

安古兰

梯也尔

安古兰拘留所

罗蒂丘

康美侬酒庄

巴尔热酒庄

蒙布里松

圣让德吕

艾迪于

阿巴迪

锡布尔港口卖鱼铺

艾迪于的牧羊人

拉波卡的有机种植

附录二：背景知识小词典

（各分类项下的词条按书中首次出现的页码排序）

人名

克里斯蒂安·康斯坦（Christian Constant，1950—），1988年成为克里雍大饭店主厨，之后在巴黎丽兹酒店工作，1996年开了自己的第一家餐厅，获米其林一星，现拥有6家餐厅。（P15, P72）

雅克·内欧博尔（Jacques Néauport，1948—），品酒师兼酿酒家。（P22）

朱尔·肖韦（Jules Chauvet，1907—1989），葡萄酒农、学者、品酒师，天然葡萄酒运动的发起人。（P22）

老普林尼（拉丁文：Gaius Plinius Secundus，公元23或24—79），古罗马的百科全书式作家，代表作《自然史》。（P36）

普鲁塔克（拉丁文：Plutarchus，公元46—120），罗马帝国时代的希腊作家、哲学家、历史学家，以《希腊罗马名人传》一书闻名后世。（P36）

小普林尼（拉丁文：Gaius Plinius Caecilius Secundus，公元61或62—约113），老普林尼的养子，罗马帝国元老和作家。（P36）

奥利维耶·罗林热（Olivier Roellinger，1955—），米其林三星大厨，法国当代厨艺的代表人物之一，被法国文化部授予文学和艺术荣誉勋位。（P43）

路易·巴斯德（Louis Pasteur，1822—1895），法国微生物学家、化学家，微生物学的奠基人之一。创立了"巴式消毒法"（60—80℃做短时间加热处理，杀死有害微生物的一种消毒法），并应用在各种食物和饮料上。（P46）

乔治·弗勒里（Georges Fleury，1939—），出生于法国格朗维尔市，作家。（P50）

萨卡·圭特瑞（Sacha Guitry，1885—1957），导演、编剧、演员、制片，多才多艺，20世纪30年代在法国电影界名噪一时，是将舞台剧搬上大银幕的第一人。（P55）

居伊·德波（Guy Débord，1931—1994），法国作家、理论家、电影艺术家、诗人和革命者。（P60）

皮埃尔·加涅尔（Pierre Gagnaire，1950—），法国米其林三星大厨。他做的菜极具创意，有时甚至颠覆传统。（P75）

乔尔·侯布匈（Joël Robuchon，1945—），法国名厨，全球美食餐厅帝国的重要奠基人，目前拥有的餐厅米其林星级加总为全球最多。（P76）

艾伦·杜卡斯（Alain Ducasse，1956—），法国名厨，曾三次摘得米其林三星，被誉为"九星名厨"，擅长烹饪普罗旺斯菜系，管理着全球酒店餐厅帝国，被《福布斯》杂志评为全球最有影响力的人物前100名。（P85）

地名

波城（Pau），法国市镇，大西洋岸比利牛斯省首府，位于法国西南部，气候宜人，是著名的疗养胜地。（P7, P109）

圣日耳曼德佩区（Saint-Germain-des-Prés），位于法国巴黎市第6区，圣日耳曼德佩修道院附近一带。曾经是著名的文化名人聚集地。（P7）

诺曼底（Normandie），法国西北部大区，西南与布列塔尼大区接壤，土地肥沃，盛产农产品和海鲜，奶制品非常出名，是苹果酒和牡蛎的重要产区。（P10, P15）

沃日拉尔区（Vaugirard），即法国巴黎市第15区，以该区吸纳的旧镇之一——沃日拉尔命名。曾经拥有占地72 000平方米的屠宰场，后被改建为公园。（P12）

德龙省（Drôme），位于法国东南部奥弗涅–罗讷–阿尔卑斯大区，是法国第一大有机农业生产省。其南部1/3的区域属于普罗旺斯地区。（P14, P21）

蒙布里松（Montbrison-sur-Lez），法国村庄，位于德龙省西南部。（P14, P21）

蒙特利马尔（Montélimar），法国德龙省人口第二大城市，扼守着巴黎—里昂—马赛交通要道，被称为"普罗旺斯之门"，拥有高速列车火车站。（P14）

普罗旺斯（Provence），法国东南部地区，地中海沿岸，与意大利接壤。当地美食受地中海和意大利菜式影响颇深。除了薰衣草，这里盛产桃红葡萄酒，是全球最重要的黑松露产地。（P14, P21, P116）

奥德翁广场（place de l'Odéon），位于法国巴黎市第6区，旁边有奥德翁剧院，是奥德翁大道的终点。（P15）

贝阿恩（Béarn），法国西南部的旧省，后划归大西洋比利牛斯省。当地美食属于加斯科菜系，多以土地出产的天然食材为原料。葡萄酒则以朱朗松产区的干白和甜白最为知名。（P15, P30, P72, P73）

格勒诺布尔（Grenoble），法国东南部城市，阿尔卑斯地区的首府，著名的滑雪胜地，曾举办1968年冬奥会。当地盛产核桃和螯虾。（P16, P17, P20）

瓦尔雷阿斯（Valréas），法国市镇，位于德龙省南部，是邻省沃克吕兹省的一块飞地，酿酒葡萄种植是该区重要的农业活动，每周三开放松露市场。（P16, P20, P30, P70, P71）

贝尔南（Bernin），法国市镇，位于伊泽尔省的查尔特勒山自然公园内，属于格勒诺布尔地区。（P17）

贝勒多纳山（Belledonne），属于阿尔卑斯山脉，有一部分靠近格勒诺布尔，山脉大部分位于法国伊泽尔省，最高点海拔2977米。（P17）

查尔特勒山（Chartreuse），属于前阿尔卑斯山脉，位于法国伊泽尔省边境，最高点海拔2082米。（P17）

伊泽尔省（Isère），位于法国东南部奥弗涅–罗讷–阿尔卑斯大区，省会是格勒诺布尔。该省取自流经该省的罗讷河支流伊泽尔河。西南接德龙省，东北接萨瓦省。（P17, P19）

坦莱尔米塔日（Tain-l'Hermitage），简称"坦"，法国市镇，位于德龙省西北部、罗讷河左岸。（P18）

萨瓦省（Savoie），位于法国东南部奥弗涅–罗讷–阿尔卑斯大区的边境省，是法国山地最多的省份，著名的冬季运动旅游胜地。当地美食以奶酪、猪肉制品和葡萄酒为特色。（P19, P110）

莫城（Meaux），法国市镇，位于塞纳和马恩省，是布里地区的前首府。（P20, P30）

帕热（Pajay），法国市镇，位于伊泽尔省，是法国重要的烟草产地。（P20）

萨瑟纳日（Sassenage），法国市镇，位于伊泽尔省，韦尔科山脚，以出产法定产区命名级别的韦尔科–萨瑟纳日蓝纹奶酪而闻名。（P20）

韦尔科山脉（Vercors），坐落在法国伊泽尔省和德龙省之间，内有韦尔科自然保护公园。（P20）

佩里戈尔（Périgord），法国旧时的一个伯爵领地，相当于现在西南大省多尔多涅省的位置。盛产黑松露、草莓、核桃和栗子，特色美食有鹅肝、焖禽类肉冻等。（P30）

安古兰（Angoulême），法国市镇，位于夏朗德省，被誉为"文化和历史之城"，每年一月会举办欧洲最负盛名的"安古兰国际漫画节"。（P32, P43）

维埃纳（Vienne），法国市镇，位于伊泽尔省，交通枢纽，曾经是罗马帝国时期的重要城市，当地仍保留着大量古罗马建筑。（P36）

昂普依（Ampuis），法国市镇，位于罗讷省，是罗蒂丘葡萄酒法定产区的首府。（P38）

布列塔尼（Bretagne），法国西北部大区，位于布列塔尼半岛，盛产海鲜和蔬菜（如卷心菜），特色美食有各种薄饼、蛋糕，是苹果酒和牡蛎的重要产区。（P42, P111）

圣马洛（Saint-Malo），法国市镇，位于布列塔尼的伊勒–维莱讷省，是北部海滨的主要港口，旅游业发达。（P42, P43, P47, P52, P57，）

拉尼永（Lannion），法国市镇，位于布列塔尼的阿摩尔滨海省，距离圣马洛约156公里。（P43）

富热尔（Fougères），法国市镇，位于布列塔尼的伊勒–维莱讷省，距离圣马洛约88公里。（P45）

雷恩（Rennes），法国西北部第二大城市，布列塔尼大区的首府。（P47）

努瓦亚勒（Noyal），法国市镇，位于布列塔尼的阿摩尔滨海省，距离圣马洛约83公里，距离雷恩约15公里。（P47）

康塔尔省（Cantal），位于法国东南部奥弗涅–罗讷–阿尔卑斯大区，北部与多姆山省接壤。（P49, P76）

绍塞群岛（îles Chausey），隶属于诺曼底区的格朗维尔市，位于圣米歇尔山海湾北边，是著名的海滨度假胜地。（P50, P51, P58, P59）

维列墨贡（Villié-Morgon），法国市镇，位于罗讷省。（P60）

马雷讷–奥莱龙（Marennes-Oléron），欧洲重要的牡蛎生产和加工中心，位于法国西南夏朗德滨海省，拥有占地30平方千米的牡蛎养殖场。（P70）

昂代（Hendaye），法国市镇，位于比利牛斯–大西洋省，法国与西班牙边境线的最西端，大西洋沿岸。（P73）

科利乌尔（Collioure），法国市镇，位于东比利牛斯省，法国与西班牙边境线的最东端，地中海沿岸。（P73）

马耶讷省（Mayenne），位于法国卢瓦尔河地区大

区，与诺曼底大区接壤，首府是拉瓦勒。（P74）

阿韦龙省（Aveyron），位于法国南部奥克西塔尼大区，盛产优质肉，距离巴黎约650公里。（P75）

多姆山省（Puy-de-Dôme），位于法国东南部奥弗涅–罗讷–阿尔卑斯大区，南部与康塔尔省接壤。（P76）

梯也尔（Thiers），法国市镇，位于多姆山省，法国刀剪生产中心，也是全球最大的刀剪工场聚集地，法国80%的口袋刀、菜刀和餐刀都产自这里。（P76, P77, P78, P83）

乌耶（Houilles），法国市镇，位于法兰西岛大区的伊夫林省。（P76）

朗格尔（Langres），法国市镇，位于大东部大区的上马恩省。（P78）

奥弗涅（Auvergne），法国中部的一个文化历史大区，位于中央高地的中心，是欧洲人口最稀少的地区之一。现已与罗讷–阿尔卑斯大区合并为奥弗涅–罗讷–阿尔卑斯大区。（P84, P85）

布鲁瓦（Blois），法国城市，卢瓦–谢尔省的首府，在路易十二时期，是皇家居住地。（P86）

安德尔-卢瓦尔省（Indre-et-Loire），位于法国中部的中央–卢瓦尔河谷大区，以安德尔河和卢瓦尔河命名。（P92）

安茹（Anjou），法国旧制度下的行省，除了东部和北部被削去一小部分外，大致对应于现在的曼恩–卢瓦尔省。首府为昂热。（P92）

康德-圣马丹（Candes-Saint-Martin），法国市镇，位于安德尔–卢瓦尔省。（P92）

曼恩-卢瓦尔省（Maine-et-Loire），位于法国中西部的卢瓦尔河地区大区，是前安茹所在地，东与安德尔–卢瓦尔省接壤。（P92）

圣让德吕（Saint-Jean-de-Luz），法国市镇，位于比利牛斯–大西洋省，大西洋沿岸，距离昂代约12公里。（P100, P102）

加利西亚（Galice），西班牙的自治区，位于西班牙西北部，南部与葡萄牙接壤，主要经济来源是捕鱼业。（P105）

阿斯佩山谷（Vallée d'Aspe），比利牛斯山法国境内的一个山谷，位于比利牛斯–大西洋省。（P108）

艾迪于（Aydius），法国市镇，位于比利牛斯–大西洋省，属于阿斯佩山谷区。（P109, P110）

莫莱昂，即莫莱昂利沙尔（Mauléon-Licharre），法国市镇，位于比利牛斯–大西洋省，比利牛斯山脚。（P108）

普洛厄尔梅（Ploërmel），法国市镇，位于布列塔尼的莫尔比昂省。（P111）

奥皮奥（Opio），法国市镇，位于东南部的滨海阿尔卑斯省，属于格拉斯区。格拉斯是该省的一个聚居社区。（P112）

莱兰群岛（Îles de Lérins），位于法国戛纳附近地中海域的群岛，属于滨海阿尔卑斯省。（P112）

佩戈马（Pégomas），法国市镇，位于滨海阿尔卑斯省，属于格拉斯区。（P112）

阿尔皮耶山（Massif des Alpilles），位于法国普罗旺斯–阿尔卑斯–蓝色海岸大区的小山脉，曾为很多画家带来灵感，其中最著名的有文森特·梵高。（P116）

美食

巴黎丽兹酒店（Hôtel Ritz Paris），五星级酒店，位于巴黎市中心旺多姆广场，是世界最著名和最豪华的酒店之一。香奈儿女士、作家海明威和戴安娜王妃等名人都入住过这家酒店。（P7）

克里雍大饭店（Hôtel de Crillon），五星级酒店，位于巴黎香榭丽舍大街东端，是世界最古老和最豪华的酒店之一。这里是上流社会著名的"名媛成年舞会"举办地。（P7, P15）

马肉风波，发生在欧洲的食品安全事件。2013年1月，瑞典、英国和法国部分牛肉制品中发现了马肉，该事件迅速波及欧洲多个国家，引发了公众对食品安全的担忧。食品安全专家声称，牛肉食品中掺杂马肉基本上不构成健康风险，但会让一些消费者产生不良食用感受，同时涉及商品标签有误。（P11）

肉酱馅饼，一种肉制糕点，相当于升级版的瓦罐菜，在瓦罐中铺一层千层面皮或油酥面皮，填充肉酱后将面皮包裹严实，入烤箱中烤熟，晾凉后切片食用。这是源自中世纪的一道宫廷菜肴，当时的面皮是不能食用的，仅起到帮助烹饪和储存的作用，后来面点师把它改良成可食用的。（P15）

瓦罐菜，通常以混合的肉酱为原料，可以是猪肉、牛肉、鱼肉、兔肉、鸭肉、鹅肝、海鲜或蔬菜等，并用香料调味后装入一个方形或圆形的有深度的瓦罐中，盖上盖子放入烤炉中烤熟，晾凉后切片食用。（P15, P70）

驿站吧台（Le Comptoir du Relais），位于巴黎第6区的奥德翁广场，巴黎最难订位的餐馆之一，入选《费加罗报》评选的"巴黎最好的15家小酒馆"名单。（P15, P72）

埃斯珀莱特辣椒，产自法国西南与西班牙接壤的小镇埃斯珀莱特（Espelette），其辣度不超过胡椒，香味浓郁，已成为个人或大厨烹饪时青睐的调味品。市场上常见的流通形式有辣椒粉、辣椒酱、辣椒橄榄油、辣椒醋等。（P20, P48, P71, P107, P116）

蓝纹奶酪，蓝绿色霉菌发酵形成的奶酪，表面和内部有蓝色或绿色斑纹，香气浓烈，口感独特。（P20, P49）

千层酥，一种糕点，有咸味（猪肉制品）和甜味的，由千层面外壳和填充料组成。（P20）

斯佩耳特小麦，与常见的小麦是近亲，在青铜时代到中世纪的部分欧洲地区都是重要的农产品，如今在中欧仍有种植，作为一种健康食品重新在市场中出现。其蛋白质含量比小麦略大一点，并且，那些对小麦过敏的人们，一般可以食用斯佩耳特小麦。（P20）

油酥饼，一种圆形脆饼干，边缘通常呈花边状，制作时将面粉、黄油、糖和蛋黄（可不加）快速搅拌，以便获得颗粒状的口感。（P20）

格鲁耶尔奶酪，原产自法国萨瓦省和弗朗什–孔泰大区高山地带的压缩成熟奶酪，内有气孔，颜色和口感会因奶牛食物的不同而有所变化。（P25, P110）

贝阿恩猪血肠，法国西南特产，将猪头肉、猪肉皮、猪舌头或猪心煮几个小时后，切碎与猪血（30%至50%）混合灌入肠衣中，然后文火慢炖而成。（P30）

舒芙蕾，也译为梳乎厘，蛋奶酥、将蛋黄及不同配料拌入打发的蛋白，经烘焙形成的质轻而蓬松的甜点。法语原文soufflé意译指"被吹胀起来"。（P30）

溏心蛋，即蛋白凝固、蛋黄能流动的蛋。做法是将整只鸡蛋带壳放入开水中3分钟后取出即可。（P30, P31）

盐之花，法国中西岸盐田的特产海盐，产量稀少，采集难度高，被称为"盐中的劳斯莱斯"，味道层次丰富，咸而不苦，能更加凸显食材的本味，适宜直接撒在菜品上调味。（P30, P116）

青贮饲料，多由青绿作物（饲用玉米）或副产物（玉米秸、麦秸、地瓜秧）经过密封、发酵后而成，比新鲜饲料耐储存，营养成分强于干饲料。（P45）

花皮软质奶酪，乳白色，表面覆有绒毛，经过短时发酵，口感略酸，内部质地柔软，奶香浓郁。（P49）

帕马森奶酪，一种传统意式牛奶酪，历史悠久，被誉为"意大利奶酪之王"，属于压缩成熟奶酪，色泽淡黄，具有浓郁的果香，有时口感辛辣。（P49, P116，）

天然外皮奶酪，又称鲜奶酪，没有经过沥干和精炼的奶酪，含水分多，色白质软，不宜长期保存。（P49）

压缩成熟奶酪，经过压缩的奶酪，且成熟期要接受加热处理，使里面形成典型的气泡孔洞，成熟期较长，味道涩且刺激，质地柔滑紧实。（P49）

压缩未熟奶酪，经过压缩的奶酪，成熟期较长，质地较紧实，年轻时味道清淡、有少许刺激味道，陈年后味道更复杂、刺激。（P49）

高脂奶油，经过乳酸发酵的鲜奶油，乳脂含量为30%到45%。（P58）

醋珍珠，将醋与琼脂粉混合后加热，滴入冰橄榄油中，捞出再放入纯净水中，形成珍珠一样的小颗粒。醋珍珠可以使口感更具风味，令菜肴更美观。（P70）

卡纳诺利米，水稻的一个品种，原产自意大利，米粒洁白，吸水能力强，富含淀粉，经得起长时间烹饪。（P71）

布雷斯鸡，出产于法国东部布雷斯（Bresse）地区。其特点是：鸡冠鲜红，羽毛雪白，脚爪钢蓝，与法国国旗同色，被誉为法国的"国鸡"。布雷斯鸡坚持自然养殖，成本极高。每年圣诞节前夕，当地会举行布雷斯鸡比赛。（P80）

白斑狗鱼，一种肉食性淡水鱼，身长体壮，长有尖锐的牙齿，凶猛贪食，背部黄褐色，体侧有淡蓝色斑或白色斑，腹部白色，肉质细嫩，是世界著名的游钓鱼类。（P86, P87, P92, P95）

软木塞煮鱿鱼，意大利传说煮鱿鱼时在水中放入一个软木塞，可以保证肉质软嫩，这种方法可能源自历史传统，并无科学依据，有人觉得有效，有人觉得没用。（P103）

鱼酱，将鱼肉和鱼骨炖烂后弄碎，加入黄油和橄榄油搅拌成泥，用盐和胡椒调味，一般用来涂抹面包食用。（P104）

巴斯克蛋糕，比利牛斯山西端法西边境一带地区的传统甜点，用面粉、黄油、糖、鸡蛋和香料（扁桃、朗姆、香草、橘皮）和面，填充樱桃肉或奶黄。（P106）

公平贸易咖啡，指用公正的价格直接与当地的咖啡农进行交易。（P109）

瑞布罗申奶酪，原产自法国萨瓦省和上萨瓦省的洗皮

奶酪，外皮呈黄橘色，肉很软，有一股持久的榛子的味道。（P110）

酸模，多年生草本植物，富含维生素A、维生素C及草酸，尝起来有酸溜的口感，常被作为料理调味用。（P116）

塔塔酱，一种辣味的蘸酱，一般搭配油炸食物。由蛋黄酱混合一点辣椒和香芹、罗勒、腌黄瓜碎末制成。（P117）

美酒

生物动力农法，一种农业生产体系，源自人智学的一个秘传流派，创始人是德国哲学家鲁道夫·斯坦纳。该方法将农业生产视为有生命的有机体，具有多样性和自主性。其使用的天然制剂被视为能够激活土地中的宇宙能量，有助于植物健康生长和减少病虫害。这类制剂的制作方法是秘传的，以月亮和行星的运行规律为依托，这也令生物动力农法与有机农业有所区别。二者的效果也许没有明显差别，因为它们依据相同的理论基础。科学怀疑论者认为生物动力农法有伪科学成分，某些想法过于奇幻。（P18, P21）

阿普勒蒙（Apremont），葡萄酒法定产区，专产白葡萄酒，是萨瓦法定产区最知名的子产区。（P19）

比亚（Bia），原产自伊泽尔河谷的高贵古老白葡萄品种，皮厚，肉少，含糖度高，酿出的酒细腻怡人，香气十分特别，酒精度高，酸度适中，适合久藏。（P19）

法定产区命名（appellation d'origine contrôlée），即AOC级，农产品的法定级别，是法国农产品的最高质量等级，用以定义在某一地理范围内，根据规定的技艺生产和加工的产品。AOC级产品的生产要求最为严苛，评级标准的制定既考虑产品的物理和生物特性，又结合当地的人文传统，这使得产品多具有明显的地域特征。相对应的，规定的严苛性有时会制约生产的灵活性。（P19）

黑皮诺（Pinot noir），原产自勃艮第的红葡萄品种，蓝黑色或深紫色厚果皮，颜色浓重，果肉柔软，是勃艮第产区和香槟产区的著名品种，酿出的酒色泽美丽，散发出山楂花、香蕉、檀木、可可、咖啡、皮革、蘑菇、覆盆子、草莓、桑葚、樱桃、胡椒、香料、松露、香草等丰富复杂的香气，回味悠长。（P19）

灰皮诺（Pinot gris），原产自勃艮第的葡萄品种，灰粉红色厚果皮，可用于酿造贵腐葡萄酒，酿出的酒细腻优质，散发出杏、黄油、可可、桂皮、蘑菇、香料、榛子、柚子等丰富的香气。（P19）

佳美（Gamay），勃艮第产区的典型葡萄品种，皮薄，呈现美丽的紫黑色，果肉多汁，一般用于调配其他品种，酒裙清亮明艳，散发出柑橘、黑加仑、樱桃、茉莉、牡丹、苹果、李子干、玫瑰等香气。（P19）

魄仙（Persan），原产自萨瓦省的红葡萄品种，与伊特黑非常相似，果皮薄，肉多汁，酿出的酒颜色鲜艳，酒精度高，散发出紫罗兰和覆盆子的香味。（P19）

色兰子（Serénèze de Voreppe），原产自伊泽尔河谷的古老红葡萄品种，果皮呈石榴红，果肉甜度高，酿出的酒呈明亮的石榴红色，酒体轻盈，果香馥郁，酸度较高。（P19）

维代斯（Verdesse），原产自伊泽尔省的古老白葡萄品种，果皮厚，果肉紧实，含糖度高，用于酿造萨瓦法定产区葡萄酒，酿出的酒质量高，口感丰富，酒精度高，散发出花香和植物类芳香。（P19）

维欧尼（viognier），原产自罗讷河谷的白葡萄品种，现已在全球广泛种植，是国际性最受喜爱的品种之一，酿出的酒滑腻多汁，散发出浓郁的花香和水果香，成熟时还伴有麝香、烤面包和烟草的香气。（P19）

霞多丽（Chardonnay），在世界葡萄酒产区广泛种植的白葡萄品种，皮较薄，酿造的酒极其细腻、平衡、饱满，散发出扁桃、黄油、桂皮、黑加仑、樱桃、柠檬、皮革、木瓜、香料、干果、面包、薄荷、蜂蜜、白桃、梨等丰富的香气，具有久藏的潜质。（P19）

雅盖尔（Jaquière），萨瓦省种植面积最广的传统白葡萄品种，用于酿造阿普勒蒙法定产区葡萄酒，酒体轻盈，适合在酒龄年轻时饮用。（P19）

伊特黑（Etraire de la Dhuy），原产自伊泽尔河谷的红葡萄品种，果皮呈蓝黑色，肉多汁，用于酿造萨瓦法定产区葡萄酒，酒裙色泽深邃，酒体道劲，散发出咖啡、黑加仑、丁香、醋栗、胡椒等香气。（P19）

罗讷河谷（Côtes du Rhône），著名的葡萄酒产区，法国第二大法定产区，位于东南部，是法国葡萄酒的发源地，有着悠久的葡萄种植和酿造史。（P20, P41, P68）

AB有机标志，法文agriculture biologique（有机农业）的缩写。（P22）

万索布雷（Vinsobres），葡萄酒法定产区，位于法国

德龙省的万索布雷镇，是罗讷河谷的子产区之一。（P22，P23）

康美侬酒庄，"老奶奶"干红，2007年份，罗讷河谷法定产区（Domaine Gramenon, la Mémé 2007, AOC Côtes du Rhône rouge）。（P30）

罗蒂丘（Côte-rôtie），葡萄酒法定产区，位于罗讷河右岸，是罗讷河谷最知名的子产区之一。（P36，P37，P39）

西拉（Syrah），一个被广泛种植的葡萄品种，通常具有紫罗兰、黑莓、巧克力、咖啡以及黑胡椒气息，陈酿后出现皮革、松露气息。酿出的酒风味浓郁，单宁较多。罗讷河谷是西拉最著名的产区。（P36）

博比内庄园，格鲁大瓶装干白，2013年份，索米尔法定产区（Domaine Bobinet, Les Gruches 2013 en magnum, AOC Saumur blanc）。（P59）

博若莱（Beaujolais），葡萄酒法定产区，葡萄园分布在法国罗讷省北部和索恩－卢瓦尔省的几个村庄。该产区的红葡萄酒几乎全部由单一品种佳美酿造而成。每年11月的第三个星期四是"博若莱新酒节"。（P60，P63，P94）

墨贡（Morgon），葡萄酒法定产区，博若莱子产区，位于法国罗讷省，酒体结实，口感醇厚丰富，有时让人联想到勃艮第酒。（P60，P70，P91）

邦多勒（Bandol），葡萄酒法定产区，位于法国普罗旺斯，葡萄园以邦多勒市为中心，红葡萄酒口感道劲、酒体结实，适合久藏。（P68，P91，P117）

马塞尔·拉皮尔，MMVII大瓶装干红，2007年份，墨贡法定产区（Marcel Lapierre, MMVII 2007 en magnum, AOC Morgon）。（P71）

索米尔（Saumur），葡萄酒法定产区，卢瓦尔河谷子产区，位于法国曼恩－卢瓦尔省，葡萄园以索米尔市为中心，主要白葡萄品种是白诗南，主要红葡萄品种是品丽珠。（P86，P92）

舍维尼（Cheverny），葡萄酒法定产区，卢瓦尔河谷子产区，位于法国卢瓦－谢尔省，葡萄园以舍维尼市为中心，葡萄酒口感清新细腻，适合酒龄年轻时饮用。（P87）

索米尔－尚皮尼（Saumur-Champigny），葡萄酒法定产区，卢瓦尔河谷子产区，位于法国曼恩－卢瓦尔省，是第一个在葡萄园发展生物多样性的法定产区。（P92）

还原反应，当葡萄酒与氧气隔绝时发生的一种化学现象，会释放出臭鸡蛋类的特殊气味，使酒收敛，作用与氧化反应相反。（P97）

品丽珠（Cabernet Franc），世界广泛种植的酿酒葡萄品种，所酿制的红葡萄酒柔顺易饮，口感细腻，丹宁平衡，果香浓郁，具有覆盆子、樱桃或黑醋栗、紫罗兰的味道。不同产区的香气会有差别，气候凉爽的产区往往会有青椒气味。（P97）

优湖莱庄园，玛丽窖藏干白，2012年份，朱朗松法定产区（Clos Uroulat, Cuvée Marie 2012, AOC Jurançon）。（P107）

朱朗松（Jurançon），葡萄酒法定产区，位于法国贝阿恩地区，特色是酿造干型和半甜型白葡萄酒。（P110）

圣安娜酒庄，桃红，2013年份，邦多勒法定产区（Château Sainte Anne, rosé 2013, AOC Bandol）。（P117）

其他

初领圣体，基督教徒在接受洗礼后，经过3年的教理学习后，首次在弥撒仪式中领圣体（即圣餐）。（P76）

减价拍卖，由拍卖人喊出最高价，然后逐渐降低叫价，直到有竞买者认为已经低到可以接受的价格，表示买进为止。如有两个或两个以上竞买者同时应价时，则转入增价拍卖形式。它起源于荷兰的鲜花交易市场，故又称荷兰式拍卖，对于那些品质可能变化、容易腐烂的，或者品质良莠不齐的物品，例如水果、蔬菜、鱼类、鲜花、烟草等，采用这种方式比较合适。（P101）

圣周五，又称耶稣受难日，基督教的宗教节日，复活节之前的星期五。教徒们在耶稣受难日守斋，西方认为鱼不属于肉类，所以星期五不吃肉，可以吃鱼。（P101）

图书在版编目（CIP）数据

舌尖上的法国：冬藏春耕 /（法）伊夫·康德伯德，
（法）雅克·费朗代编著；林陈秋文译 . -- 长沙：湖南
美术出版社，2018.10
ISBN 978-7-5356-8425-7

Ⅰ.①舌… Ⅱ.①伊… ②雅… ③林… Ⅲ.①饮食 -
文化 - 法国 Ⅳ.① TS971.205.65

中国版本图书馆 CIP 数据核字 (2018) 第 188902 号

Frères de terroirs, Carnet de croqueurs, hiver et printemps
Colors and illustrations by Jacques Ferrandez
Scenario by Jacques Ferrandez & Yves Camdeborde
© 2014 Rue de Sèvres, Paris
All rights reserved.
Simplified Chinese edition arranged through Dakai Agency Limited
Simplified Chinese translation edition published by Ginkgo (Beijing) Book Co., Ltd
本书中文简体版权归属于银杏树下（北京）图书有限责任公司。
著作权合同登记号：图字 18-2018-207

舌尖上的法国：冬藏春耕
SHEJIAN SHANG DE FAGUO : DONG CANG CHUN GENG

出 版 人：黄　啸
编 著 者：［法］伊夫·康德伯德　［法］雅克·费朗代
译　　者：林陈秋文
选题策划：后浪出版公司
出版统筹：吴兴元
责任编辑：贺澧沙
特约编辑：蒋潇潇
营销推广：ONEBOOK
装帧制造：墨白空间·李映川
出版发行：湖南美术出版社　后浪出版公司
印　　刷：北京盛通印刷股份有限公司
　　　　　（亦庄经济技术开发区科创五街经海三路 18 号）
开　　本：787×1092　　1/16
字　　数：46 千字
印　　张：8
版　　次：2018 年 10 月第 1 版
印　　次：2018 年 10 月第 1 次印刷
书　　号：ISBN 978-7-5356-8425-7
定　　价：68.00 元

读者服务：reader@hinabook.com 188-1142-1266　　　投稿服务：onebook@hinabook.com 133-6631-2326
直销服务：buy@hinabook.com 133-6657-3072　　　网上订购：www.hinabook.com（后浪官网）